概率论与数理统计

第2版

李承家 洪美都 主编

清华大学出版社
北京

内容简介

本书是根据普通高等院校理工类及经济管理类本科“概率论与数理统计课程教学基本要求”，结合应用型本科院校学生的实际情况和培养目标精心编写而成的. 全书共分 6 章，主要内容包括：随机事件及其概率、随机变量及其概率分布、多维随机变量及其概率分布、随机变量的数字特征、大数定律与中心极限定理、数理统计初步. 本书以易于学生接受的方式进行阐述，力图将基本理论及基本思想方法讲得清晰简洁，使得学生在较少课时内能够顺利完成本课程的学习，并且掌握必备的知识. 另外，本书在内容选材上，尤其是例题和习题的选择上，注重启发性和应用性，强调学生应用知识解决问题能力的培养.

本书适用于本科少课时版“概率论与数理统计”课程教学的需要，也可作为应用型本科院校“概率论与数理统计”课程的教材或教学参考书.

图书在版编目（CIP）数据

概率论与数理统计 ：第 2 版 / 李承家，洪美都主编. 北京 ：清华大学出版社，2025. 2（2026. 2 重印）. -- ISBN 978-7-302-68292-9

Ⅰ. O21

中国国家版本馆 CIP 数据核字第 2025AV9347 号

责任编辑： 张　弛
封面设计： 刘　键
责任校对： 刘　静
责任印制： 刘　菲

出版发行： 清华大学出版社
　网　　址： https://www.tup.com.cn，https://www.wqxuetang.com
　地　　址： 北京清华大学学研大厦 A 座　　**邮　　编：** 100084
　社 总 机： 010-83470000　　**邮　　购：** 010-62786544
　投稿与读者服务： 010-62776969，c-service@tup.tsinghua.edu.cn
　质量反馈： 010-62772015，zhiliang@tup.tsinghua.edu.cn
　课件下载： https://www.tup.com.cn，010-83470410
印 装 者： 河北盛世彩捷印刷有限公司
经　　销： 全国新华书店
开　　本： 185mm×260mm　　**印　张：** 12.25　　**字　　数：** 195 千字
版　　次： 2025 年 2 月第 1 版　　**印　　次：** 2026 年 2 月第 5 次印刷
定　　价： 42.00 元

产品编号：110093-01

前言

概率论与数理统计是研究随机现象统计规律的一门学科，由于随机现象的普遍存在性、研究方法的独特性和教学内容的实用性，这门学科的理论和方法在自然科学、社会科学和工程技术等领域中有着广泛的应用. 因此，开设“概率论与数理统计”课程，对高等院校培养复合型、应用型人才具有重要意义.

本书是专门为应用型本科院校理工类及经济管理类学生学习“概率论与数理统计”课程编写的教材，适用于本科少课时版“概率论与数理统计”课程教学，其目的是为相应专业本科生学习这门课程提供必要的基础知识. 全书以易于学生接受的方式进行阐述，力图将基本理论及基本思想方法讲授得清晰简洁，使学生在较少的课时内能够顺利完成本课程的学习并且掌握必备的知识. 另外，本书在内容选材上，尤其是例题和习题的选择上，注重启发性和应用性，强调学生应用知识解决问题的能力的培养.

本书共分为 6 章. 第 1 章，随机事件及其概率，主要介绍古典概型、条件概型、随机事件的独立性、全概率公式、贝叶斯公式等；第 2 章，随机变量及其概率分布，主要介绍随机变量、分布律、分布函数、密度函数的概念，常见的概率分布等；第 3 章，多维随机变量及其概率分布，主要介绍多维随机变量、联合分布律、联合分布函数、联合密度函数的概念，随机变量的独立性，以及多维随机变量函数的分布等；第 4 章，随机变量的数字特征，主要介绍数学期望、方差、协方差以及相关系数等；第 5 章，大数定律与中心极限定理，主要介绍切比雪夫不等式、切比雪夫大数定律、辛钦大数定律、林德贝格-列维中心极限定理、棣莫弗-拉普拉斯中心极限定理等；第 6 章，数理统计初步，主要介绍数理统计的基本概念、抽样分布、参数的点估计法、估计量的评价标准等.

本书内容曾作为编者所在学校“工程数学”“经济数学”等课程的部分教学内容先后使用多轮，教学效果良好. 本次再版对各章节内容和结构做了适当调整，以符合应用型本科院校学生的培养目标和实际需求.在本书的编写过程中,编者参考了大量的相关教材和资料,在此谨向有关作者表示感谢.由于编者水平有限,书中难免存在不妥与错误之处,殷切希望广大读者批评指正.

编　者

2024年8月

教学课件

教案授课计划

预备知识

一、加法原理

若某件事可由两类方法来完成，其中第1类有 m 种方法，第2类有 n 种方法，则完成这件事共有 $m+n$ 种方法.

例1 从北京到上海的交通方式有两类：第1类，乘坐火车；第2类，乘坐飞机.假设从北京到上海的火车有早、中、晚3个车次，分别记作 T_1,T_2,T_3；从北京到上海的飞机有早、晚2个航班，分别记作 F_1,F_2.问：从北京到上海的交通方式共有多少种？

解：从北京到上海的交通方式有 T_1,T_2,T_3,F_1,F_2 共5种.这是由第1类中的3种方式与第2类中的2种方式相加而得到的.

一般地，有下面的加法原则：若某件事可由 m 类方法来完成，其中第1类有 n_1 种方法，第2类有 n_2 种方法，……，第 m 类有 n_m 种方法，则完成这件事共有 $n_1+n_2+\cdots+n_m$ 种方法.

二、乘法原理

若某件事需分2步完成，其中第1步可由 m 种方法来完成，第2步可由 n 种方法来完成，则完成这件事共有 $m\times n$ 种方法.

例2 从北京经天津到上海，需分两步完成：第1步，从北京到天津；第2步，从天津到上海.假设从北京到天津只能乘坐汽车，且有早、中、晚3个车次，分别记作 B_1,B_2,B_3；从天津到上海只能乘坐飞机，且有早、晚2个航班，记作 F_1,F_2.问：从北京经天津到上海的交通方式共有多少种？

解：从北京经天津到上海的交通方式有 $B_1-F_1,B_1-F_2,B_2-F_1,B_2-F_2,B_3-F_1,B_3-F_2$，共6种.这是由第1步中的3种方式与第2步中的2种方式相乘(3×2=6)得到的.

一般地，有下面的乘法原则：若某件事需分 m 步完成，其中第1步可由 n_1 种方法来完成，第2步可由 n_2 种方法来完成，……，第 m 步可由 n_m 种方法来完成，则完成这件事共有 $n_1 \times n_2 \times \cdots \times n_m$ 种方法.

三、排列数

从 n 个不同的元素中任取 $m(m \leqslant n)$ 个排成与顺序有关的一排的方法数叫作排列数，记作 A_n^m 或 P_n^m.

排列数 A_n^m 的计算公式为

$$\mathrm{A}_n^m = n(n-1)\cdots(n-m+1)$$

例 3 从10名候选人中任意选出3人分别去担任班级的班长、副班长和学习委员，共有多少种安排的方式？

解：首先从10名候选人中任意选3人，然后对选出的3人分别安排他们成为班长、副班长和学习委员，因此这是一个典型的排列问题. 由于

$$\mathrm{A}_{10}^3 = 10 \times 9 \times 8 = 720$$

因此，共有720种安排的方式.

四、组合数

从 n 个不同的元素中任取 $m(m \leqslant n)$ 个组成与顺序无关的一组的方法数叫作组合数，记作 C_n^m 或 $\binom{m}{n}$.

组合的计算公式为

$$\mathrm{C}_n^m = \frac{n \times (n-1) \times \cdots \times (n-m+1)}{1 \times 2 \times \cdots \times m}$$

例 4 $\mathrm{C}_5^3 = \dfrac{5 \times 4 \times 3}{1 \times 2 \times 3} = 10$.

组合数满足下面的一些性质：

(1) $\mathrm{C}_n^m = \mathrm{C}_n^{n-m}$；(2) $\mathrm{C}_n^0 = 1$；(3) $\mathrm{C}_n^1 = n$；(4) $\mathrm{C}_n^n = 1$.

例 5 $C_{100}^{98}=C_{100}^{2}=\frac{100\times 99}{1\times 2}=4950.$

例 6 袋中有 8 个球，从中任取 3 个球，求取法有多少种？

解：任取出 3 个球与所取球次序无关，故取法的种数为

$$C_8^3=\frac{8\times 7\times 6}{1\times 2\times 3}=56$$

例 7 袋中有 5 件正品，3 件次品，现从该袋子中任取 3 件产品，问：所取 3 件中有 2 件正品、1 件次品的取法有多少种？

解：第一步，在 5 件正品中取 2 件，取法有 $C_5^2=\frac{5\times 4}{1\times 2}=10$(种)；

第二步，在 3 件次品中取 1 件，取法有 $C_3^1=3$ 种.

由乘法原理，取法共有 $10\times 3=30$(种).

目录

第1章

随机事件及其概率

1.1 随机事件

1.1.1 随机试验与样本空间

在自然界与人类的社会活动中，人们观察到的现象大体可以分为以下两类.

(1) 确定现象：在一定的条件下必然会发生的现象，即在准确地重复某些条件下，它的结果总是肯定的，可以预测的. 例如，太阳每天必然从东边升起，西边落下；向空中抛一物体，该物体必然会下落；等等.

(2) 随机现象：在相同的条件下，可能发生也可能不发生，但在大量的重复试验中其结果又具有规律性的现象称为随机现象，这种规律性称为统计规律. 例如，掷一颗骰子，可能出现 1，2，3，4，5，6 点；抛掷一枚质地均匀的硬币，会出现正面向上、反面向上两种不同的结果；等等.

概率论与数理统计就是研究和揭示随机现象统计规律的一门数学学科，所研究的内容一般包括随机事件的概率、统计独立性和更深层次的规律性.

研究随机现象，首先要对研究对象进行观察或实验，为此，引入随机试验的定义.

定义 1.1.1 在一定的条件下，对自然与社会现象进行的观察或实验称为试验，在概率论中，把满足如下条件的试验称为随机试验：

(1) 试验在相同条件下可重复；

(2) 试验的全部可能结果不止一个，但都是事先可预知的；

(3) 每次试验都会出现上述可能结果中的一个，但无法预知会出现哪个结果.

注：为了简单起见，今后如无特殊的说明，我们研究的试验都是随机试验，在不引起混淆的情况下，随机试验也可以简称为试验，通常用英文字母 E 表示随机试验.

例 1.1.1 下面的试验均为随机试验：

E_1：将一枚质地均匀的硬币抛掷两次，观察其正面(H)和反面(T)出现的情况；

E_2：将一枚质地均匀的硬币连抛三次，观察其正反面出现的情况；

E_3：将一枚质地均匀的硬币连抛三次，观察其正面出现的次数；

E_4：掷一颗骰子，观察可能出现的点数；

E_5：记录某网站一分钟内受到的点击次数；

E_6：在一批灯泡中任取一只，测其寿命.

定义 1.1.2 随机试验的每一个结果都成为一个样本点，全体样本点的集合称为随机试验的样本空间，通常分别用希腊字母 ω 和 Ω 表示样本点和样本空间.

例 1.1.2 例 1.1.1 中试验 E_1 的样本空间为

$$\Omega=\{HH,HT,TH,TT\}$$

样本空间 Ω 中包含 4 个样本点，其中 HH 表示第 1 次、第 2 次均掷出正面，其余类推.

例 1.1.3 例 1.1.1 中试验 E_4 的样本空间为

$$\Omega=\{1,2,3,4,5,6\}$$

例 1.1.4 设试验 E：从装有 3 个白球(记为 1,2,3 号)与 2 个黑球(记为 4,5 号)的袋中任取两个球.

(1) 观察取出的 2 个球的颜色，设样本点 ω_0 表示“取出两个白球”，ω_1 表示“取出 1 个白球与 1 个黑球”；ω_2 表示“取出 2 个黑球”，于是样本空间 Ω_1 是由 3 个样本点构成的集合：

$$\Omega_1=\{\omega_0,\omega_1,\omega_2\}$$

(2) 观察取出的 2 个球的号码，设样本点 ω_{ij} 表示“取出 i 号与 j 号球”(1≤

$i<j\leqslant 5$)，则样本空间 Ω_2 是由 $C_5^2=10$ 个样本点构成的集合：

$$\Omega_2=\{\omega_{12},\omega_{13},\omega_{14},\omega_{15},\omega_{23},\omega_{24}\omega_{25},\omega_{34}\omega_{35}\omega_{45}\}$$

这个例子说明，试验的样本点与样本空间是根据试验的内容而确定的.

例 1.1.5 设试验 E：观察一部手机的使用寿命(从开始使用到第一次维修的时间)，则样本空间为

$$\Omega=\{\omega_x \mid \omega_x\geqslant 0\}$$

例 1.1.6 例 1.1.1 中试验 E_5 的样本空间为

$$\Omega=\{0,1,2,3,\cdots\}$$

1.1.2 随机事件

由随机试验的全部可能结果或部分可能结果组成的集合称为事件. 在随机试验中，如果出现某事件 A 中所包含的一个试验结果，则称为该事件发生. 如果某个事件在随机试验中可能发生，也可能不发生，则这一事件叫作随机事件. 习惯用 A，B，C 等表示随机事件. 本书主要讨论随机事件，今后将随机事件简称事件.

在试验中一定会发生的事件称为必然事件，习惯用 Ω 表示必然事件；在试验中一定不会发生的事件称为不可能事件，习惯用 $\varnothing$ 表示不可能事件.

例 1.1.7 已知一批产品共 100 个，其中有 95 个合格品和 5 个次品. 检查产品质量时，从这批产品中任意抽取 10 个产品检查，则在抽出的 10 个产品中："次品数不多于 5 个"这一事件为必然事件 Ω；"次品数多于 5 个"这一事件为不可能事件 $\varnothing$；"没有次品""恰有 1 个次品""有 2 个次品"这三个事件都是随机事件.

下面将说明随机事件与样本空间之间的关系. 在例 1.1.4 中，设随机事件 A 表示"取出的两个球都是白球"，则对样本空间 Ω_1 来讲，有 $A=\{\omega_0\}$；而对样本空间 Ω_2 而言，有 $A=\{\omega_{12},\omega_{13},\omega_{23}\}$. 这说明，随机事件 A 是样本空间 Ω_1 或 Ω_2 的一个子集.

由此可以发现任一随机事件 A 都是样本空间 Ω 的一个子集，该子集中任一样本点 ω 发生时事件 A 即发生. 因为样本空间 Ω 中任一样本点 ω 发生时，必然事件都发生，所以必然事件是所有样本点构成的集合，即必然事件为全集——样本空间 Ω. 因为样本空间 Ω 中任一样本点 ω 发生时，不可能事件都不发生，所以不可能事

件是不包含任何样本点的集合，即不可能事件是空集$\varnothing$. 这也是为什么分别用Ω和$\varnothing$表示必然事件和不可能事件的原因. 为了便于讨论，以后将必然事件和不可能事件看作随机事件的两个特殊情形.

由随机试验的任一可能结果所构成的集合也是随机事件，并将其称为基本事件. 显然，基本事件就是样本空间Ω的仅由单个样本点构成的子集.

1.1.3 随机事件的关系与运算

由于事件是样本空间的某个子集，所以事件间的关系及运算与集合间的关系及运算完全一致. 我们可以借助集合间的关系及运算来理解事件间的关系及运算.

1. 包含关系

如果事件A的发生必然导致事件B的发生，即事件A的样本点都是事件B的样本点，则称事件B包含事件A，或者称事件A包含于事件B，此时也称事件A是事件B的子集，记作$A \subset B$，如图1-1-1所示.

特别地，对于事件A和事件B，若满足$A \subset B$且$B \subset A$，则称事件A与事件B相等，记作$A=B$.

由于必然事件在每次试验中都发生，所以对于任一事件A，都有

$$\varnothing \subset A \subset \Omega$$

2. 事件的和(并)

设事件C表示“事件A和事件B中至少有一个发生”，则称事件C为事件A与事件B的和事件或并事件，记作$A \cup B$.

显然，$A \cup B$是由事件A和事件B的所有样本点组成的集合，于是有$A \subset (A \cup B)$，$B \subset (A \cup B)$，如图1-1-2所示.

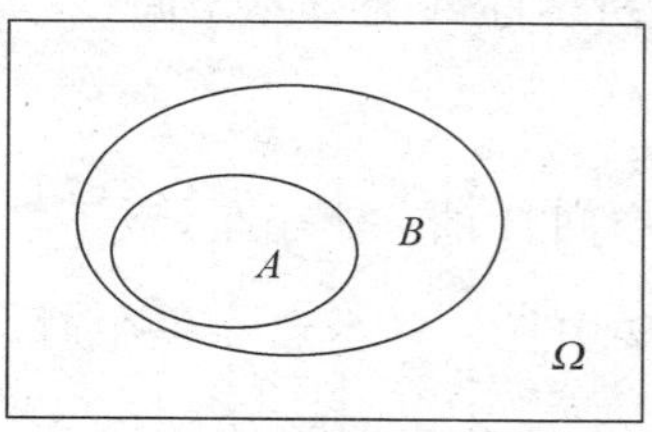

图 1-1-1

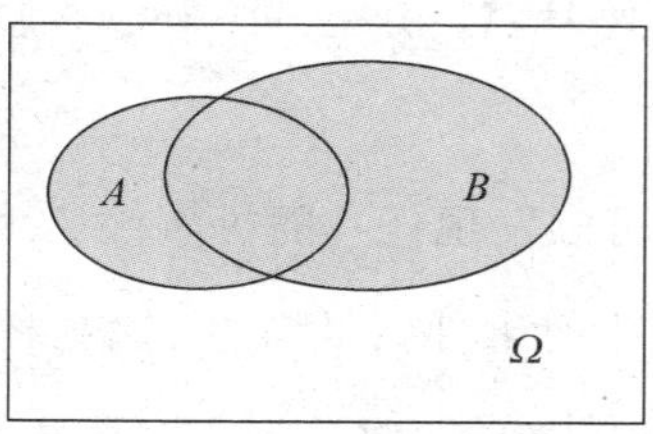

图 1-1-2

一般地,"n 个事件 $A_1,A_2,\cdots,A_n$ 中至少有一个发生"这一事件称为 n 个事件 A_1,$A_2,\cdots,A_n$ 的和事件,记作

$$A_1 \cup A_2 \cup \cdots \cup A_n = \bigcup_{i=1}^{n} A_i$$

例 1.1.8 掷一颗骰子,设事件 $A=\{1,3,5\}$,$B=\{1,2,3\}$,则 A 与 B 的和事件为

$$A \cup B = \{1,2,3,5\}$$

3. 事件的积(交)

设事件 C 表示"事件 A 和事件 B 同时发生",则称事件 C 为事件 A 与事件 B 的积事件或交事件,记作 $A\cap B$ 或 AB.

显然,$A\cap B$ 是由事件 A 和事件 B 的所有公共样本点组成的集合,于是有 $(A\cap B)\subset A$,$(A\cap B)\subset B$,如图 1-1-3 所示. 一般地,"n 个事件 $A_1,A_2,\cdots,A_n$ 同时发生"这一事件称为 n 个事件 $A_1,A_2,\cdots,A_n$ 的积事件,记作

$$A_1 \cap A_2 \cap \cdots \cap A_n = \bigcap_{i=1}^{n} A_i$$

4. 互不相容事件(互斥事件)

如果事件 A 和事件 B 不可能同时发生,即 $A\cap B=\varnothing$,则称事件 A 和事件 B 为互不相容事件或互斥事件,也称事件 A 与事件 B 互不相容或互斥.

事件 A 和事件 B 为互不相容事件,即事件 A 和事件 B 没有公共的样本点,如图 1-1-4 所示.

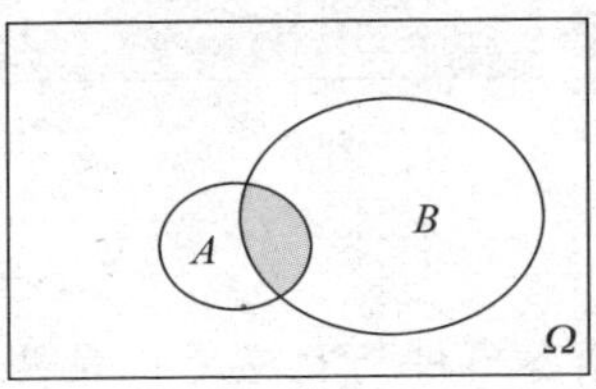

图 1-1-3

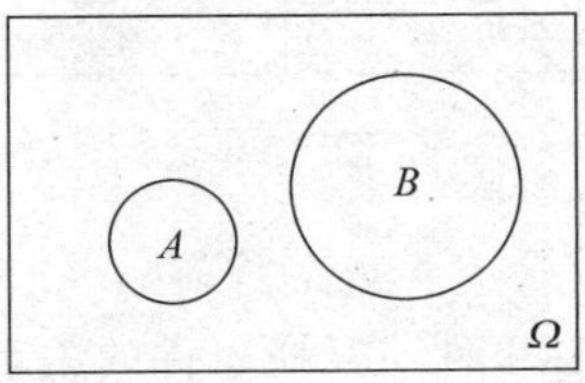

图 1-1-4

例如,设事件 A 表示"没有次品",事件 B 表示"恰有 1 个次品",事件 C 表示

“恰有 2 个次品”，则事件 A 与事件 B 为互不相容事件，事件 A 与事件 C 为互不相容事件，事件 B 与事件 C 为互不相容事件.

5. 事件的差

设事件 C 表示“事件 A 发生，而事件 B 不发生”，则称事件 C 为事件 A 和事件 B 的差事件，记作 $A-B$.

显然，$A-B$ 是由属于 A 但不属于 B 的样本点组成的集合，如图 1-1-5 所示.

思考：对于事件 A 和事件 B，何时 $A-B=\varnothing$？何时 $A-B=A$？

6. 对立事件（互逆事件）

如果事件 A 和事件 B 不可能同时发生，并且它们中必有一个发生，即事件 A 和事件 B 有且仅有一个发生，则称事件 A 为事件 B 的对立事件.

由上述定义，事件 A 为事件 B 的对立事件，当且仅当 $A\cup B=\Omega$，且 $A\cap B=\varnothing$. 显然，若事件 A 为事件 B 的对立事件，则事件 B 也为事件 A 的对立事件，记作 $A=\overline{B}$ 或 $B=\overline{A}$. 因此，也称事件 A 与事件 B 互为互逆事件.

$\overline{A}$ 是所有属于 Ω 而不属于 A 的样本点组成的集合，如图 1-1-6 所示. 显然，互逆事件满足

$$A=\overline{\overline{A}},\quad A\cap\overline{A}=\varnothing,\quad A\cup\overline{A}=\Omega$$

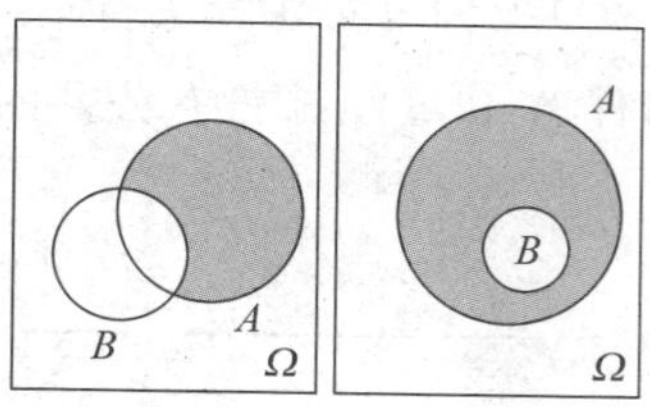

图 1-1-5

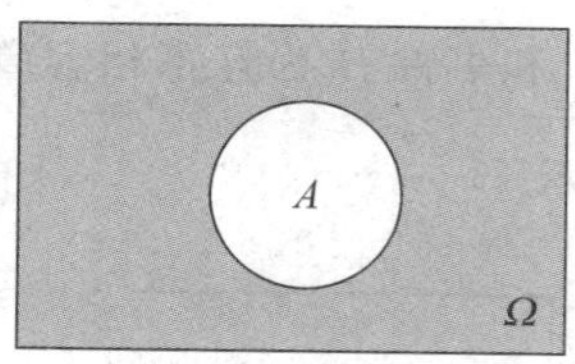

图 1-1-6

互不相容事件与互逆事件的关系：互不相容事件与互逆事件是两个不同的概念. 若事件 A 与事件 B 为互逆事件，则有 $A\cup B=\Omega$，且 $A\cap B=\varnothing$，故事件 A 与事件 B 一定为互不相容事件；反之，若事件 A 与事件 B 为互不相容事件，则有 $A\cap$

$B=\varnothing$，但 $A\cup B=\Omega$ 不一定成立，故事件 A 与事件 B 不一定是互逆事件. 简言之，互逆事件必定为互不相容事件，但互不相容事件未必为互逆事件.

例 1.1.9 掷一颗骰子，观察出现的点数，设事件 A 表示"出现奇数点"，则事件 A 的对立事件 $\overline{A}$ 表示"出现偶数点".

7. 完备事件组

若 n 个事件 $A_1,A_2,\cdots,A_n$ 两两互不相容，且 $A_1\cup A_2\cup\cdots\cup A_n=\Omega$，则称 n 个事件 $A_1,A_2,\cdots,A_n$ 构成一个完备事件组.

设事件 A,B,C，则事件之间的运算满足下面的运算规律：

(1) $A\cup B=B\cup A, A\cap B=B\cap A$；（交换律）

(2) $(A\cup B)\cup C=A\cup(B\cup C), (A\cap B)\cap C=A\cap(B\cap C)$；（结合律）

(3) $(A\cup B)\cap C=(A\cap C)\cup(B\cap C), A\cup(B\cap C)=(A\cup B)\cap(A\cup C)$；（分配律）

(4) $\overline{AB}=\overline{A}\cup\overline{B}, \overline{A\cup B}=\overline{A}\,\overline{B}$.（德摩根(De Morgan)对偶律）

例 1.1.10 设 A,B,C 是三个事件，则

(1) 这三个事件中至少有一个发生可表示为 $A\cup B\cup C$；

(2) 这三个事件都不发生可表示为 $\overline{A}\,\overline{B}\,\overline{C}$；

(3) 这三个事件中仅有事件 A 发生可表示为 $A\overline{B}\,\overline{C}$；

(4) 这三个事件中只有一个发生可表示为 $A\overline{B}\,\overline{C}\cup\overline{A}B\overline{C}\cup\overline{A}\,\overline{B}C$；

(5) 这三个事件中至多有一个发生可表示为 $A\overline{B}\,\overline{C}\cup\overline{A}B\overline{C}\cup\overline{A}\,\overline{B}C\cup\overline{A}\,\overline{B}\,\overline{C}$.

习题 1.1

1. 设 A,B,C 是三个事件，指出下列命题中哪些是正确的，哪些是错误的.

(1) $A\cup B=A\overline{B}\cup B$；

(2) $A=A\overline{B}\cup AB$；

(3) $\overline{A}B=A\cup B$；

(4) $(\overline{A\cup B})C=\overline{A}\,\overline{B}\,\overline{C}$；

(5) $(AB)(A\overline{B})=\varnothing$；

(6) 若 $A\subset B$，则 $A=AB$；

(7) 若 $A\subset B$，则 $A=A\cup B$；

(8) 若 $A\subset B$，则 $\overline{B}\subset\overline{A}$；

(9) 若 $AB=\varnothing$，则 $\overline{A}\overline{B}\neq\varnothing$；　　(10) 若 $AB=\varnothing$，则 $\overline{A}\overline{B}=\varnothing$.

2. 某射手射击目标3次，设事件 A_1 表示"第1次击中"，事件 A_2 表示"第2次击中"，事件 A_3 表示"第3次击中"，事件 B_0 表示"击中0次"，事件 B_1 表示"击中1次"，事件 B_2 表示"击中2次"，事件 B_3 表示"击中3次"，试用 A_1,A_2,A_3 的运算来表示 B_0,B_1,B_2,B_3.

3. 若样本空间 $\Omega=\{1,2,3,4,5,6\}$，事件 $A=\{1,3,5\}$，$B=\{1,2,3\}$，求：

(1) $A\cup B$；(2) $\overline{A}$；(3) $\overline{B}$；(4) AB；(5) $\overline{AB}$；(6) $\overline{A\cup B}$；(7) $\overline{A}\cup\overline{B}$；(8) $\overline{A}\overline{B}$.

4. (1) 化简 $AB\cup\overline{A}B$；(2) 说明 AB 与 $\overline{A}B$ 是否互不相容.

1.2 频率和概率

一个事件在试验中可能发生，也可能不发生. 那么可以找到一个合适的数来表示该事件在试验中发生的可能性大小，也就是该事件的概率.

1.2.1 频率

首先引入频率的概念，它主要用来描述事件发生的频繁程度.

定义 1.2.1 在相同的条件下，进行 n 次试验，若事件 A 发生了 m 次，则称比值 $\frac{m}{n}$ 为事件 A 发生的频率，记作 $W(A)$.

显然，事件发生的频率满足下面一些基本性质：

(1) 任何事件发生的频率都是介于0和1之间的一个数：$0\leqslant W(A)\leqslant 1$；

(2) 必然事件 Ω 发生的频率等于1：$W(\Omega)=1$；

(3) 不可能事件 $\varnothing$ 发生的频率为0：$W(\varnothing)=0$；

(4) 若事件 A 与事件 B 为互不相容事件，则有 $W(A+B)=W(A)+W(B)$.

频率的特征：事件发生的频率具有波动性和稳定性，即试验重复多次时，事件发生的频率会波动，但具有一定的稳定性，且重复次数充分大时事件发生的频率会在一个数的附近摆动. 上述频率的特征可以从表1-2-1给出的抛掷硬币的试验结果看出.

表 1-2-1

试验者	抛掷硬币的次数 n	正面向上的次数 m	正面向上的频率 m/n
德摩根	2048	1061	0.5181
布丰(Buffon)	4040	2048	0.5069
费勒(Feller)	10000	4979	0.4979
皮尔逊(Pearson)	12000	6019	0.5016
皮尔逊	24000	12012	0.5005

从表1-2-1中可以看到,当抛掷硬币的次数逐渐增大时,正面向上的频率就逐渐表现出稳定性,且当抛掷硬币的次数充分大时,正面向上的频率在0.5的左右摆动. 因此,0.5反映了抛掷硬币时"正面向上"这一随机事件发生的可能性大小. 这就是频率稳定性的一个很好的体现.

1.2.2 概率

由事件发生的频率稳定性可以看出,事件发生的可能性可以用一个介于0与1之间的数来表示. 由此,引入概率的统计定义:刻画事件 A 在试验中发生的可能性大小的介于0与1之间的数叫作事件 A 的概率,记作 $P(A)$.

一般而言,直接计算某一事件的概率是非常困难的,甚至是不可能的,仅在比较特殊的情况下才能计算出其概率. 概率的统计定义实际上给出了一个近似计算概率的方法:将多次重复试验中事件 A 发生的频率 $W(A)$ 作为事件 A 的概率 $P(A)$ 的近似值,即

$$P(A) \approx W(A) = \frac{m}{n}$$

由概率的统计定义,可以得到如下概率的公理化定义.

定义 1.2.2 设 E 为随机试验,Ω 为其样本空间. 对每个事件 A 赋予一个实数 $P(A)$,若 $P(A)$ 满足下列3个公理,则称 $P(A)$ 为事件 A 的概率:

(1) 非负性,即 $P(A) \geqslant 0$;

(2) 规范性,即 $P(\Omega) = 1$;

(3) 可列可加性，若 n 个事件，设 $A_1,A_2,\cdots$ 是两两互不相容，则有

$$P(A_1 \cup A_2 \cup \cdots)=P(A_1)+P(A_2)+\cdots$$

在第5章中证明，当 $n\to\infty$ 时，频率 $W(A)$ 在一定意义下趋近于概率 $P(A)$，因此，用概率 $P(A)$ 表征事件 A 在一次试验中发生的可能性大小.

所谓的公理，就是人们在长期实践中总结出来的完全正确的结论. 有关概率的所有性质、定理、结论，都可以用上述3个公理证明.

1.2.3　概率的性质

由概率的公理化定义，可以得到概率的下列性质.

性质 1.2.1　不可能事件的概率为0，$P(\varnothing)=0$.

证明：因为 $\Omega=\Omega\cup\varnothing$，且 $\Omega\cap\varnothing=\varnothing$，即 Ω 与 $\varnothing$ 互不相容，所以由概率的可列可加性得到

$$1=P(\Omega \cup \varnothing)=P(\Omega)+P(\varnothing)=1+P(\varnothing)$$

因此

$$P(\varnothing)=0$$

性质 1.2.2　对于任意两个事件 A,B，有

$$P(B-A)=P(B)-P(AB)$$

证明：因为 $B=AB\cup(B-A)$，且 AB 与 $B-A$ 互不相容，由概率的可加性可知

$$P(B)=P(AB)+P(B-A)$$

即

$$P(B-A)=P(B)-P(AB)$$

此公式称为减法公式.

性质 1.2.3　对于任意事件 A，有

$$P(\overline{A})=1-P(A)$$

性质 1.2.4　对于任意两个事件 A,B，有

$$P(A \cup B)=P(A)+P(B)-P(AB)$$

证明：因为 $A\cup B=A\cup(B-A)$，且 A 与 $B-A$ 互不相容，由概率的可加性

可知

$$P(A\cup B)=P(A)+P(B-A)$$

又因为性质 1.2.2 的减法公式,可得

$$P(A\cup B)=P(A)+P(B)-P(AB)$$

一般地,性质 1.2.4 可以推广到 n 个事件 $A_1,A_2,\cdots,A_n$ 的情形,即

$$P(A_1\cup A_2\cup\cdots\cup A_n)=\sum_{i=1}^{n}P(A_i)-\sum_{1\leqslant i<j\leqslant n}P(A_iA_j)+\sum_{1\leqslant i<j<k\leqslant n}P(A_iA_jA_k)+\cdots+(-1)^{n-1}P(A_1A_2\cdots A_n)$$

特别地,当 $n=3$ 时,对于任意 3 个事件 A,B,C,有

$$P(A\cup B\cup C)=P(A)+P(B)+P(C)-P(AB)-P(BC)-P(AC)+P(ABC)$$

习题 1.2

1. 已知 $P(A\cup B)=0.8,P(A)=0.5,P(B)=0.6$,求:$P(AB),P(\overline{A}\overline{B}),P(\overline{A}\cup\overline{B})$.

2. 已知 $P(A)=0.6,P(B)=0.7$,求 $P(AB)$的最大值和最小值.

3. 已知 $P(A)=x,P(B)=2x,P(C)=3x,P(AB)=P(BC)$,求 x 的最大值.

4. 设 $B\subset A,C\subset A,P(\overline{A})=0.4,P(\overline{B}\cup\overline{C})=0.8$,求 $P(A-BC)$.

1.3 古典概型

例 1.3.1 抛掷一枚质地均匀的硬币,只有"正面向上"和"反面向上"两种结果,而且这两种结果出现的可能性相同,均为$\frac{1}{2}$.

例 1.3.2 从 100 件同类型的产品中,任意抽取 1 件进行质量检查,则每件产品被抽到的可能性相同,均为 1%.

上述两个例子中试验的共同特点如下.

(1) 每次试验中所有可能结果只有有限个,即样本空间 Ω 为有限集:

$$\Omega=\{\omega_1,\omega_2,\cdots,\omega_n\}$$

(2) 每次试验中每个可能结果出现的可能性相同,即

$$P(\omega_1)=P(\omega_2)=\cdots=P(\omega_n)$$

定义 1.3.1 如果一个试验满足:

(1) 样本空间 Ω 只含有限个样本点;

(2) 试验中每个样本点出现的可能性相同,则称该试验为古典概型或等可能概型.

古典概型是概率论发展初期主要的研究对象.古典概型在实际中是大量存在的,比如例 1.3.1 和例 1.3.2 中的试验就是典型的古典概型.

设试验 E 为古典概型,其样本空间 Ω 共包含 n 个基本事件 $\{\omega_1\},\{\omega_2\},\cdots,\{\omega_n\}$,$A$ 为 E 的某一事件,并且事件 A 包含 m 个基本事件.由古典概型的等可能性知,事件 A 的概率为

$$P(A)=\frac{A\text{ 所包含的基本事件数}}{\text{基本事件的总数}}=\frac{m}{n}$$

用这种方法计算得到的概率称为古典概率.古典概率的计算主要基于排列原则和组合原则.

例 1.3.3 掷一颗骰子,求出现的点数为奇数的概率.

解:样本空间为 $\Omega=\{1,2,3,4,5,6\}$.设事件 A 表示"出现的点数为奇数",则 $A=\{1,3,5\}$.所以,基本事件总数为 $n=6$,A 包含的基本事件个数为 $m=3$,从而 A 的概率为

$$P(A)=\frac{m}{n}=\frac{1}{2}$$

例 1.3.4 抛掷一枚质地均匀的硬币 3 次,设事件 A 表示"恰有 1 次正面向上",事件 B 表示"3 次都正面向上",事件 C 表示"至少有 1 次正面向上",求:$P(A)$,$P(B)$,$P(C)$.

解:H 代表硬币正面向上,T 代表硬币反面向上,则样本空间为

$$\Omega=\{HHH,HHT,HTH,THH,HTT,THT,TTH,TTT\}$$

它共包含 $n=8$ 个基本事件，而

$$A=\{HTT,THT,TTH\},\quad B=\{HHH\},$$

$$C=\{HHH,HHT,HTH,THH,HTT,THT,TTH\}$$

$$P(A)=\frac{m_A}{n}=\frac{3}{8},\quad P(B)=\frac{m_B}{n}=\frac{1}{8},\quad P(C)=\frac{m_C}{n}=\frac{7}{8}$$

其中，$m_A=3,m_B=1,m_C=7$ 分别是事件 A,B,C 包含的基本事件个数.

例 1.3.5 设一批产品共有 100 件，其中 4 件是次品，其余均为正品，求：

(1) 这批产品的次品率；

(2) 任取 3 件，全是正品的概率；

(3) 任取 3 件，其中恰有 2 件正品的概率.

解：设事件 A 表示"任取 1 件，取到次品"，事件 A_i 表示"任取 3 件，取到 i 件正品"$(i=0,1,2,3)$.

(1) 这要求的是事件 A 的概率. 基本事件总数为 $n_1=100$，A 包含的基本事件个数为 $m_A=4$，故

$$P(A)=\frac{m_A}{n_1}=\frac{4}{100}=0.04$$

(2) 这要求的是事件 A_3 的概率. 基本事件总数为 $n_2=\mathrm{C}_{100}^3$，A_3 包含的基本事件个数为 C_{96}^3，故

$$P(A_3)=\frac{\mathrm{C}_{96}^3}{\mathrm{C}_{100}^3}\approx 0.8836$$

(3) 这要求的是事件 A_2 的概率. 基本事件总数为 $n_3=\mathrm{C}_{100}^3$，A_2 包含的基本事件个数为 $\mathrm{C}_{96}^2\mathrm{C}_4^1$，故

$$P(A_2)=\frac{\mathrm{C}_{96}^2\mathrm{C}_4^1}{\mathrm{C}_{100}^3}\approx 0.1128$$

例 1.3.6 一袋子中有 a 个白球和 b 个黑球. 现每次从该袋子中任取 1 个球，取出的球不再放回去，接连取 $k(k\leqslant a+b)$ 个球，求第 k 次取得白球的概率.

解：由于考虑到取球的顺序，这相当于从 $a+b$ 个球中任取 k 个球的全排列，所以基本事件的总数为

$$\mathrm{A}_{a+b}^k=(a+b)(a+b-1)\cdots(a+b-k+1)$$

设事件 B_k 表示"第 k 次取得白球". 因为第 k 次取得的白球可以是 a 个白球中的 1 个，所以有 a 种取法，其余 $k-1$ 个球可以在前 $k-1$ 次顺次从 $a+b-1$ 个球中任意取出，共有 A_{a+b-1}^{k-1} 种取法，所以 B_k 包含的基本事件个数为

$$A_{a+b-1}^{k-1}\times a=(a+b-1)(a+b-2)\cdots(a+b-k+1)a$$

因此，所求的概率为

$$P(B_k)=\frac{A_{a+b-1}^{k-1}\times a}{A_{a+b}^{k}}=\frac{(a+b-1)(a+b-2)\cdots(a+b-k+1)a}{(a+b)(a+b-1)\cdots(a+b-k+1)}=\frac{a}{a+b}$$

注：本例的结果与 k 无关，也就是无论哪一次，取得白球的概率都是一样的，即取得白球的概率与取球的先后次序无关.

例 1.3.7（生日问题） 某班级中有 50 名学生，问：这 50 名学生中至少有 2 人的生日在同一天的概率为多少？（假定一年有 365 天）

分析：如果直接求事件"这 50 名学生中至少有 2 人的生日在同一天"包含的基本事件个数是比较复杂的，因此不妨考虑该事件的对立事件.

解：设事件 A 表示"这 50 名学生中至少有 2 人的生日在同一天"，则事件 $\overline{A}$ 表示"这 50 名学生的生日都不相同". 易求得 $\overline{A}$ 包含的基本事件个数为 A_{365}^{50}，基本事件的总数为 365^{50}，所以

$$P(\overline{A})=1-P(A)=1-\frac{A_{365}^{50}}{365^{50}}\approx 0.9704$$

注：

(1) 从本例的结果可以看出，在一个 50 名学生的班级中，至少有 2 人的生日在同一天的概率是比较大的.

(2) 班级中学生的人数越多，至少有 2 人的生日在同一天的概率就越大，例如有如表 1-3-1 所示的对应关系.

表 1-3-1

学生人数/人	20	21	22	23	24	30	40	50	60
概率	0.411	0.444	0.476	0.507	0.538	0.706	0.891	0.970	0.994

例 1.3.8 甲、乙两人同时对一目标射击一次，设甲击中目标的概率为 0.85，乙击中目标的概率为 0.8，两人都击中的概率为 0.68，求目标被击中的概率.

解：设事件 A 表示“甲击中目标”，事件 B 表示“乙击中目标”，事件 C 表示“目标被击中”，则

$$P(C)=P(A\cup B)=P(A)+P(B)-P(AB)=0.85+0.8-0.68=0.97$$

例 1.3.9 设 $P(A)=\frac{1}{4}$，$P(B)=\frac{1}{2}$，根据下面三种情况分别求 $P(B-A)$：

(1) A 与 B 互不相容；(2) $A\subset B$；(3) $P(AB)=\frac{1}{8}$.

解：

(1) 由于 A 与 B 互不相容，即 $AB=\varnothing$，因此 $P(AB)=0$. 所以

$$P(B-A)=P(B)-P(AB)=P(B)-0=\frac{1}{2}$$

(2) 因为 $A\subset B$，所以 $AB=A$，则

$$P(B-A)=P(B)-P(A)=\frac{1}{4}$$

(3) 由于 $P(AB)=\frac{1}{8}$，因此

$$P(B-A)=P(B)-P(AB)=\frac{1}{2}-\frac{1}{8}=\frac{3}{8}$$

古典概型的局限性：它只能用于试验的可能结果有限，且等可能出现的情形.

习题 1.3

1. 一个袋子中有 6 个红球和 4 个黑球. 现从该袋子中随机取出 4 个球，设取到 1 个红球得 2 分，取到 1 个黑球得 1 分，求得分不少于 7 分的概率.

2. 随机地将 15 名新生平均分配到 3 个班级，已知这 15 名新生中有 3 名是运动员，问：

(1) 每个班级各分到 1 名运动员的概率是多少？

(2) 3 名运动员被分到同一班级的概率是多少？

3. 某工厂生产的一批产品共有 100 件，其中 5 件是次品. 现从该批产品中任取一半进行检查，求取到的次品不多于 1 件的概率.

4. 某一宿舍有 6 名学生，问：

(1) 这 6 名学生的生日都在星期天的概率是多少？

(2) 这6名学生的生日都不在星期天的概率是多少？

(3) 这6名学生的生日不都在星期天的概率是多少？

5. 一个袋子中有5个白球和4个黑球. 现每次从该袋子中任取1个球，取出的球不再放回，求：

(1) 第2次才取得白球的概率；

(2) 第2次取得白球的概率.

6. 设 $P(A)=0.3$，$P(B)=0.5$，根据下面三种情况求 $P(B-A)$：

(1) A 与 B 互不相容；(2) $A\subset B$；(3) $P(AB)=0.1$.

1.4 乘法公式与全概率公式

1.4.1 条件概型

引例 考虑一个有两个孩子的家庭. 假定男孩和女孩的出生概率相同，即两个孩子的性别为(男，男)、(男，女)、(女，男)、(女，女)的可能性是一样的. 记事件 A 表示"两个孩子为一男一女"，事件 B 表示"两个孩子中至少有一个为男孩". 如果事先已经知道两个孩子中至少有一个为男孩，即在事件 B 已经发生的前提条件下，那么事件 A 的概率为 $\frac{2}{3}$.

定义 1.4.1 在事件 B 已经发生的条件下，考虑事件 A 的概率，这种概率叫作条件概率，记作 $P(A|B)$.

注：在事件 A 已经发生的条件下，考虑事件 B 的概率，这种概率也是条件概率，记作 $P(B|A)$.

例 1.4.1 某工厂有甲、乙两个车间生产同一型号的产品，其所生产的产品的检验结果如表 1-4-1 所示. 从甲、乙两个车间生产的100件产品中任意抽取1件，设事件 A 表示"取到合格品"，事件 B 表示"取到甲车间生产的产品"，求：$P(A)$，$P(B)$，$P(AB)$，$P(A|B)$.

表 1-4-1 单位:件

车间	合格品	次品数	总和
甲	54	6	60
乙	32	8	40
总和	86	14	100

解:这是一个古典概型问题.由题意得

$$P(A)=\frac{86}{100}=0.86,\quad P(B)=\frac{60}{100}=0.6,\quad P(AB)=\frac{54}{100}=0.54$$

而 $P(A|B)$ 为条件概率,是在事件 B 已经发生的条件下,事件 A 的概率,即"甲车间生产合格品"的概率.由于甲车间生产的产品有60件,其中合格品有54件,所以

$$P(A\mid B)=\frac{54}{60}=0.9$$

由例1.4.1可以看出 $P(A)\neq P(A|B)$.因为 $P(A)$ 表示该厂这种产品的合格率,此时的样本空间为该厂生产的100件产品;而 $P(A|B)$ 是已知事件 B 发生的条件下事件 A 的概率,即甲车间产品的合格率,这时候是在缩小了的样本空间(即甲车间生产的60件产品)中考虑的,那么

$$P(A\mid B)=\frac{54}{60}=\frac{54/100}{60/100}=\frac{P(AB)}{P(B)}$$

一般地,有下面关于条件概率的严格定义.

定义 1.4.2 设 A,B 为同一随机试验中的两个事件.若 $P(B)>0$,则称

$$P(A\mid B)=\frac{P(AB)}{P(B)} \tag{1.4.1}$$

为在事件 B 发生的条件下,事件 A 的条件概率.

注:若 $P(A)>0$,则定义在事件 A 发生的条件下,事件 B 的条件概率为

$$P(B\mid A)=\frac{P(AB)}{P(A)} \tag{1.4.2}$$

例 1.4.2 一个袋子中有3个白球和7个黑球.现每次从该袋子中任取1球,取出的球不再放回去,连取2次.若已知第1次取到白球,求第2次也取到白球的概率.

解:设事件 A 表示"第1次取到白球",事件 B 表示"第2次取到白球",则由题意有

$$P(A)=\frac{3}{10}=0.3,\quad P(AB)=\frac{3\times 2}{10\times 9}=1/15$$

于是，由公式(1.4.2)得

$$P(B\mid A)=\frac{P(AB)}{P(A)}=\frac{2}{9}$$

思考 若本题改为有放回地取球2次，结果如何？

例1.4.3 设市场上供应的某种灯泡中甲厂的产品占70%，乙厂的产品占30%，又设甲厂产品的合格率为95%，乙厂产品的合格率为80%. 若用事件A表示"灯泡是甲厂生产的"，事件B表示"灯泡是乙厂生产的"，事件C表示"灯泡为合格品"，试求下列事件的概率：

$$P(A),P(B),P(C\mid A),P(C\mid B),P(\bar{C}\mid A),P(\bar{C}\mid \bar{A})$$

解：依题意有

$$P(A)=0.7,\quad P(B)=0.3,\quad P(C\mid A)=0.95,\quad P(C\mid B)=0.8$$

进一步有

$$P(\bar{C}\mid A)=0.05,\quad P(\bar{C}\mid \bar{A})=P(\bar{C}\mid B)=0.2$$

1.4.2 乘法公式

若$P(B)>0$，则有

$$P(AB)=P(B)P(A\mid B) \tag{1.4.3}$$

同样，若$P(A)>0$，则有

$$P(AB)=P(A)P(B\mid A) \tag{1.4.4}$$

式(1.4.3)与式(1.4.4)称为乘法公式，可以利用它们计算两个事件同时发生的概率.

乘法公式可以推广到n个事件的情形，即当$P(A_1A_2\cdots A_{n-1})>0$时，有

$$P(A_1A_2\cdots A_n)=P(A_1)P(A_2\mid A_1)\cdots P(A_n\mid A_1A_2\cdots A_{n-1})$$

例1.4.4 一个袋子中有6个白球和4个黑球. 现每次从该袋子中任取1个球，取出的球不再放回去，连取3次，求第3次才取到白球的概率.

解：设事件A_i表示"第i次取到白球"($i=1,2,3$). 本例要求事件"第1次取到黑球，第2次取到黑球，第3次取到白球"，即事件$\bar{A}_1\bar{A}_2A_3$的概率. 由题

意有

$$P(\overline{A}_1\overline{A}_2A_3)=P(\overline{A}_1)P(\overline{A}_2\mid\overline{A}_1)P(A_3\mid\overline{A}_1\overline{A}_2)=\frac{4}{10}\times\frac{3}{9}\times\frac{6}{8}=\frac{1}{10}=0.1$$

1.4.3 全概率公式

全概率公式实质上是加法公式和乘法公式的综合应用,主要用于计算比较复杂的事件的概率.

定理 1.4.1 设 n 个事件 $B_1,B_2,\cdots,B_n$ 构成一个完备事件组,且 $P(B_i)>0$ $(i=1,2,\cdots,n)$,则对于任一事件 A,都有

$$P(A)=\sum_{i=1}^{n}P(B_i)P(A\mid B_i) \tag{1.4.5}$$

证明:因为 $B_1,B_2,\cdots,B_n$ 构成一个完备事件组,即 $B_1\cup B_2\cup\cdots\cup B_n=\Omega$,所以对于任一事件 A,都有

$$A=A\Omega=(AB_1)\cup(AB_2)\cup\cdots\cup(AB_n)$$

又因为 $B_1,B_2,\cdots,B_n$ 两两互不相容,所以 $AB_1,AB_2,\cdots,AB_n$ 也两两互不相容,从而有

$$P(A)=\sum_{i=1}^{n}P(AB_i)=\sum_{i=1}^{n}P(B_i)P(A\mid B_i)$$

注:式(1.4.5)称为全概率公式,它实际上是一个加权平均公式.

例 1.4.5 市场上有甲、乙、丙三家工厂生产同一品牌的产品,已知这三家工厂的市场占有率分别为30%,20%,50%,且其产品的次品率分别为3%,3%,1%,试求市场上该品牌产品的次品率.

解:在市场上任买1件该品牌的产品,设事件 A 表示"买到次品",事件 B_1 表示"买到甲厂生产的产品",事件 B_2 表示"买到乙厂生产的产品",事件 B_3 表示"买到丙厂生产的产品",因此所求的次品率就是 $P(A)$.

由题意知

$$P(B_1)=0.3,\quad P(B_2)=0.2,\quad P(B_3)=0.5,$$

$$P(A\mid B_1)=0.03,\quad P(A\mid B_2)=0.03,\quad P(A\mid B_3)=0.01$$

于是

$$P(A)=\sum_{i=1}^{3}P(AB_i)=\sum_{i=1}^{3}P(B_i)P(A\mid B_i)=0.02$$

即市场上该品牌产品的次品率为2%.

例 1.4.6 某工厂生产的产品以100个为一批.在进行抽样检查时，只从每批产品中抽取10个来检查，如果发现其中至少有一个次品，则认为这批产品是不合格的.假定每批产品中的次品最多不超过4个，并且其中恰有 $i(i=0,1,2,3,4)$ 个次品的概率如表1-4-2所示，求各批产品能通过检查的概率.

表 1-4-2

批次中次品个数/个	0	1	2	3	4
概率	0.1	0.2	0.4	0.2	0.1

解：设事件 B_i 表示"一批产品中有 i 个次品"$(i=0,1,2,3,4)$，则有

$$P(B_0)=0.1,\quad P(B_1)=0.2,\quad P(B_2)=0.4,$$

$$P(B_3)=0.2,\quad P(B_4)=0.1$$

设事件 A 表示"一批产品能通过检查"，即"抽取的10个产品都是合格品"，则有

$$P(A\mid B_0)=1,\quad P(A\mid B_1)=\frac{C_{99}^{10}}{C_{100}^{10}}=0.9,\quad P(A\mid B_2)=\frac{C_{98}^{10}}{C_{100}^{10}}\approx 0.809,$$

$$P(A\mid B_3)=\frac{C_{97}^{10}}{C_{100}^{10}}=0.727,\quad P(A\mid B_4)=\frac{C_{96}^{10}}{C_{100}^{10}}\approx 0.652$$

根据全概率公式，所求的概率为

$$P(A)=\sum_{i=0}^{4}P(B_i)P(A\mid B_i)\approx 0.8142$$

1.4.4 贝叶斯公式

贝叶斯(Bayes)公式实际上是一个条件概率计算公式，它是条件概率公式和全概率公式的综合运用.

在例1.4.5中，如果已经知道买到该品牌的1件次品，返回来求这件次品分别属于甲、乙、丙三家工厂生产的概率，即求 $P(B_i|A)(i=1,2,3)$，这时就要用到贝叶斯公式.

定理 1.4.2 设 n 个事件 $B_1,B_2,\cdots,B_n$ 构成一个完备事件组，且 $P(B_i)>0$ $(i=1,2,\cdots,n)$，则对于任一事件 A，都有

$$P(B_i \mid A)=\frac{P(AB_i)}{P(A)}=\frac{P(B_i)P(A \mid B_i)}{\sum\limits_{i=1}^{n} P(B_i)P(A \mid B_i)},\quad i=1,2,\cdots,n \tag{1.4.6}$$

注：

(1) 公式(1.4.6)由贝叶斯于1763年给出，故称为贝叶斯公式. 它给出了在观察到事件 A 已经发生的条件下，如何计算导致 A 发生的每个"原因"事件 B_i 的概率 $P(B_i|A)$(条件概率). 这种概率也称为试验后的假设概率.

(2) 事件 $B_1,B_2,\cdots,B_n$ 可看作导致事件 A 发生的"原因"，在不知 A 是否发生的情况下，它们的概率为 $P(B_1),P(B_2),\cdots,P(B_n)$，通常称为先验概率. 现在有了新的信息，即已知 A 发生，从而对 $B_1,B_2,\cdots,B_n$ 发生的可能性大小有了新的估计：$P(B_1|A),P(B_2|A),\cdots,P(B_n|A)$. 这种概率称为后验概率.

(3) 全概率公式可看成"由原因推结果"，而贝叶斯公式的作用在于"由结果推原因".

例 1.4.7 在例 1.4.5 中，如果已知购买了 1 件次品，求该次品分别由甲、乙、丙三家工厂生产的概率.

解：采用与例 1.4.5 相同的假设，有

$$P(B_1 \mid A)=\frac{P(AB_1)}{P(A)}=\frac{P(B_1)P(A \mid B_1)}{P(A)}=\frac{0.3\times 0.03}{0.02}=0.45$$

$$P(B_2 \mid A)=\frac{P(AB_2)}{P(A)}=\frac{P(B_2)P(A \mid B_2)}{P(A)}=\frac{0.2\times 0.03}{0.02}=0.3$$

$$P(B_3 \mid A)=\frac{P(AB_3)}{P(A)}=\frac{P(B_3)P(A \mid B_3)}{P(A)}=\frac{0.5\times 0.01}{0.02}=0.25$$

所以该次品分别由甲、乙、丙三家工厂生产的概率为 0.45，0.3，0.25.

习题 1.4

1. 为了防止意外，某矿井内同时设有 A,B 两个报警系统. 设报警系统 A,B 单独使用时其有效运行的概率分别为 92%，93%，而在 A 失灵的情况下，B 有效运行的概率为 85%，求：

(1) 发生意外时这两个报警系统中至少有一个有效运行的概率；

(2) 在报警系统 B 失灵的条件下，报警系统 A 有效运行的概率.

2. 设两台车床加工同种型号的零件，且第1台车床出现废品的概率是0.03，第2台车床出现废品的概率是0.02.将这两台车床加工出来的零件放在一起，已知第1台车床加工的零件比第2台车床加工的零件多一倍，求：

(1) 任意取出的1个零件是合格品的概率；

(2) 如果任意取出的1个零件是次品，求它是第2台车床加工的概率.

3. 设有10个袋子，各袋子中所装球的情况如下：

(1) 2个袋子各装2个白球与4个黑球；

(2) 3个袋子各装3个白球与3个黑球；

(3) 5个袋子各装4个白球与2个黑球.

任选1个袋子，并且从中任取2个球，求取出的2个球都是白球的概率.

4. 在一批电子元件中，甲类占80%，乙类占12%，丙类占8%，三类电子元件的使用寿命能达到指定要求的概率分别为0.9,0.8,0.7.从这批电子元件中任取1个，求所取到的电子元件的使用寿命能达到指定要求的概率.

5. 设甲袋中有3个白球和4个黑球；乙袋中有5个白球和2个黑球.从甲袋中任取2个球投入乙袋中，再从乙袋中任取2个球，求最后取出的2个球全是白球的概率.

1.5 事件的独立性

1.5.1 两个事件的独立性

例1.5.1 一个袋子中有6个黑球和4个白球.现采用有放回的方式取球，每次取1个球，求：

(1) 在第1次取到黑球的条件下，第2次取到黑球的概率；

(2) 第2次取到黑球的概率.

解：设事件 A 表示“第1次取到黑球”，事件 B 表示“第2次取到黑球”.

(1) 因为

$$P(A)=\frac{6}{10}=0.6,\quad P(AB)=\frac{6^2}{10^2}=0.36$$

所以所求的概率为

$$P(B\mid A)=\frac{P(AB)}{P(A)}=0.6$$

(2) 所求的概率为

$$\begin{aligned}P(B)&=P(AB+\overline{A}B)=P(AB)+P(\overline{A}B)\\&=P(A)P(B\mid A)+P(\overline{A})P(B\mid \overline{A})=0.6\end{aligned}$$

注：$P(B|A)=P(B)$，也就是说，事件 A 的发生与否对事件 B 的概率没有影响. 从直观上看，这是自然的，因为采用的是有放回的取球方式，即第2次取球时袋子中球的构成与第1次取球时完全相同，因此第1次取球的结果不会影响第2次取球. 在这种情形下，可以说事件 A 与事件 B 相互独立.

定义 1.5.1 设 A，B 为两个事件，如果它们满足

$$P(AB)=P(A)P(B)$$

则称事件 A 与事件 B 相互独立.

注：

(1) 事件 A 与事件 B 相互独立，换言之，就是事件 A 的发生与否对事件 B 的概率没有影响，即 $P(B|A)=P(B)$. 这时，也称事件 A 对事件 B 独立.

(2) 若事件 A 对事件 B 独立，则事件 B 对事件 A 也独立，即 $P(A|B)=P(A)$.

(3) 必然事件 Ω 和不可能事件 $\varnothing$ 与任何事件均相互独立.

例 1.5.2 一个袋子中有 a 个白球和 b 个黑球. 现从该袋子中随机地取球，每次取1个球，分别用事件 A、事件 B 表示第1次、第2次取到白球. 在下面两种不同情形下，分析事件 A 与事件 B 的独立性：

(1) 采用有放回的取球方式；

(2) 采用无放回的取球方式.

解：

(1) 在有放回的取球方式下，有

$$P(A)=\frac{a}{a+b},\quad P(AB)=\left(\frac{a}{a+b}\right)^2=\frac{a^2}{(a+b)^2}$$

$$P(B)=P(AB)+P(\bar{A}B)=\frac{a^2}{(a+b)^2}+\frac{ab}{(a+b)^2}=\frac{a}{a+b}$$

于是 $P(AB)=P(A)P(B)$,即事件 A 与事件 B 相互独立.

(2) 在无放回的取球方式下,有

$$P(A)=\frac{a}{a+b},\quad P(AB)=\frac{a(a-1)}{(a+b)(a+b-1)}$$

$$P(B)=P(AB)+P(\bar{A}B)=\frac{a(a-1)}{(a+b)(a+b-1)}+\frac{ab}{(a+b)(a+b-1)}=\frac{a}{a+b}$$

于是 $P(AB)\neq P(A)P(B)$,即事件 A 与事件 B 不相互独立.

命题 1.5.1 若 A 与 B,$\bar{A}$ 与 B,A 与 $\bar{B}$,$\bar{A}$ 与 $\bar{B}$ 四对事件中任一对事件相互独立,则其余三对事件也相互独立.

证明:这里仅证明 A 与 B 相互独立$\Rightarrow\bar{A}$ 与 B 也相互独立.

由 A 与 B 相互独立得 $P(AB)=P(A)P(B)$,所以

$$\begin{aligned}P(\bar{A}B)&=P(B)-P(AB)=P(B)-P(A)P(B)=P(B)[1-P(A)]\\&=P(\bar{A})P(B)\end{aligned}$$

即 $\bar{A}$ 与 B 也相互独立.

其余结论的证明类似.

相互独立与互不相容的关系:在 $P(A)>0$,$P(B)>0$ 的前提条件下,假设 A 与 B 互不相容,即 $AB=\varnothing$,显然有 $P(AB)\neq P(A)P(B)$,则 A 与 B 不相互独立;反之,假设 A 与 B 相互独立,即 $P(AB)=P(A)P(B)$,显然有 $P(AB)>0$,则 $AB\neq\varnothing$,从而 A 与 B 不是互不相容的.

1.5.2 三个事件的独立性

定义 1.5.2 设 A,B,C 为三个事件,如果它们满足下面四个等式:

$$\begin{cases}P(AB)=P(A)P(B)\\P(BC)=P(B)P(C)\\P(AC)=P(A)P(C)\\P(ABC)=P(A)P(B)P(C)\end{cases}\tag{1.5.1}$$

则称事件 A,B,C 相互独立.

注：

(1) 三个事件相互独立,则它们两两相互独立；反之,三个事件两两相互独立不一定能保证这三个事件相互独立.

(2) 一般地,设 $A_1,A_2,\cdots,A_n$ 为 n 个事件,如果对于任意 $k(1<k\leqslant n)$ 以及任意 $1\leqslant i_1<i_2<\cdots<i_k\leqslant n$,有

$$P(A_{i_1}A_{i_2}\cdots A_{i_k})=P(A_{i_1})P(A_{i_2})\cdots P(A_{i_k})$$

则称事件 $A_1,A_2,\cdots,A_n$ 相互独立. 因此,要说明 $A_1,A_2,\cdots,A_n$ 相互独立,需要 2^n-n-1 个等式.

例 1.5.3 一均匀的正四面体,其第一个面染有红色,第二个面染有白色,第三个面染有黑色,第四个面染有红、白、黑三种颜色. 以事件 A,B,C 分别表示投掷一次该四面体,出现红、白、黑三种颜色朝下,讨论事件 A,B,C 的独立性.

解：显然有

$$P(A)=P(B)=P(C)=\frac{1}{2},\quad P(AB)=P(BC)=P(AC)=\frac{1}{4},\quad P(ABC)=\frac{1}{4}$$

于是

$$P(AB)=P(A)P(B),\quad P(BC)=P(B)P(C),$$
$$P(AC)=P(A)P(C),\quad P(ABC)\neq P(A)P(B)P(C)$$

从而事件 A,B,C 两两相互独立,但事件 A,B,C 不相互独立.

例 1.5.4 加工某种零件需要经过 3 道工序,已知这 3 道工序的次品率分别为 2%,3%,5%. 假设各道工序是互不影响的,求这种零件的次品率.

解：设事件 A 表示"加工出来的零件为次品",事件 $A_i(i=1,2,3)$ 表示"第 i 道工序出现次品",则 $A=A_1\cup A_2\cup A_3$. 由于 A_1,A_2,A_3 相互独立,因此 $\bar{A}_1,\bar{A}_2,\bar{A}_3$ 相互独立,从而所求的概率为

$$P(A)=P(A_1\cup A_2\cup A_3)=1-P(\overline{A_1\cup A_2\cup A_3})=1-P(\bar{A}_1\bar{A}_2\bar{A}_3)$$
$$=1-P(\bar{A}_1)P(\bar{A}_2)(\bar{A}_3)=1-0.98\times0.97\times0.95=0.09693$$

注：本例也可以直接求 $P(A)=P(A_1\cup A_2\cup A_3)$.

例 1.5.5 某彩票每周开奖 1 次,每次提供十万分之一的中奖机会. 若你每周

买1张彩票,坚持了10年(每年52周),从未中奖的概率是多少?

解:按假设,每次中奖的概率是10^{-5},于是每次未中奖的概率是$1-10^{-5}$. 10年共购买彩票520次,每次开奖都是相互独立的,故10年里你从未中奖的概率是

$$P=(1-10^{-5})^{520}=0.9948$$

这个很大的概率表明,10年里你从未中奖是很正常的事情.

例1.5.6 设A,B,C为三个事件,且$P(A)=0.3,P(C)=0.6,P(B|A)=0.4,P(B\cup C)=0.72$,$B$与$C$相互独立,求$P(A\cup B)$.

解:由于B,C相互独立,因此

$$P(B\cup C)=P(B)+P(C)-P(B)P(C)=0.4\times P(B)+0.6=0.72$$

可以解得$P(B)=0.3$,则

$$\begin{aligned}P(A\cup B)&=P(A)+P(B)-P(AB)=P(A)+P(B)-P(A)P(B\mid A)\\&=0.3+0.3-0.3\times 0.4=0.48\end{aligned}$$

习题1.5

1. (1) 设A,B,C为三个事件,且A与C相互独立,B与C相互独立,A与B互不相容,证明$A\cup B$与C相互独立.

(2) 设事件A,B,C相互独立,证明$A\cup B$与$\overline{C}$相互独立.

2. 甲、乙、丙三个车间生产同种产品,其次品率分别为5%,8%,10%. 现从这三个车间各取1件产品进行检查,求下列事件的概率:

(1) 恰有2件次品;

(2) 至少有1件次品.

3. 甲、乙、丙三人同时独立地向一飞机射击,设他们击中的概率依次为0.4,0.5,0.7. 如果只有一人击中,则该飞机被击落的概率为0.2;如果有两人击中,则该飞机被击落的概率是0.6;如果三人都击中,则该飞机一定被击落. 求该飞机被击落的概率.

4. 甲、乙、丙三人同时独立地破译一份密码,已知他们能译出密码的概率分别是$\frac{1}{3},\frac{1}{4},\frac{1}{5}$,求这份密码被译出的概率.

5. 设事件 A,B 的概率分别为 $P(A)=\frac{1}{3}, P(B)=\frac{1}{6}$，问题：

(1) 若 A 与 B 相互独立，求 $P(\bar{A}\cup B)$；

(2) 若 A 与 B 互不相容，求 $P(\overline{AB})$.

6. 已知事件 A,B,C 满足 $P(A)=P(B)=P(C)=\frac{1}{4}, P(AB)=0, P(AC)=P(BC)=\frac{1}{16}$，求下列事件的概率：

(1) A,B,C 全不发生；

(2) A,B,C 中恰好发生一个.

复习题1

一、选择题

1. 设事件 A 与事件 B 互不相容，且 $P(A)>0, P(B)>0$，则有(　　).

A. $P(A)=1-P(B)$　　B. $P(A|B)=P(A)$

C. $P(A|\bar{B})=1$　　D. $P(\bar{A}|B)=1$

2. 设事件 A 与事件 B 相互独立，且 $P(A)>0, P(B)>0$，则有(　　).

A. $P(\bar{A}|\bar{B})=1-P(A)$　　B. $P(A|B)=0$

C. $P(A|B)=P(B)$　　D. $P(A|B)=P(\bar{A})$

3. 设事件 A,B 满足 $P(A)>0, P(B)>0$，则下面(　　)成立时，A 与 B 一定相互独立.

A. $P(\overline{AB})=P(\bar{A})P(\bar{B})$　　B. $P(\overline{\bar{A}\cup B})=P(\bar{A})P(\bar{B})$

C. $P(A|B)=P(B)$　　D. $P(A|B)=P(\bar{A})$

4. 设事件 A,B 满足 $0<P(A)<1, P(B)>0$，且 $P(B|A)=P(B|\bar{A})$，则有(　　).

A. $P(A|B)=P(\bar{A}|B)$　　B. $P(A|B)\neq P(\bar{A}|B)$

C. $P(AB)=P(A)P(B)$　　D. $P(AB)\neq P(A)P(B)$

5. 设事件 A,B 满足关系 $B\subset A$,则下列等式中正确的是(　　).

A. $P(AB)=P(A)$　　B. $P(A\cup B)=P(A)$

C. $P(B|A)=P(B)$　　D. $P(B-A)=P(B)-P(A)$

6. 设事件 A 与事件 B 互不相容,且 $P(A)>0,P(B)>0$,则下列结论中正确的是(　　).

A. $\bar{A}$ 与 $\bar{B}$ 互不相容　　B. $\bar{A}$ 与 $\bar{B}$ 不互斥

C. $P(AB)=P(A)P(B)$　　D. $P(A-B)=P(A)$

7. 设 A 与 B 为互逆事件,且 $P(A)>0,P(B)>0$,则下列结论中正确的是(　　).

A. $P(A\cup B)=P(A)+P(B)$　　B. $P(\bar{A}\cup\bar{B})\neq P(\bar{A})+P(\bar{B})$

C. $P(AB)=P(A)P(B)$　　D. $P(\bar{A}\bar{B})=P(\bar{A})P(\bar{B})$

8. 设事件 A 与事件 B 相互独立,且 $P(A)>0,P(B)>0$,则有(　　).

A. A 与 B 为互斥事件　　B. A 与 B 不互斥

C. A 与 B 为互逆事件　　D. $P(A\cup B)=P(A)+P(B)$

9. 对于任意两个事件 A,B,则 $P(A-B)$ 等于(　　).

A. $P(A)-P(B)$　　B. $P(A)-P(B)+P(AB)$

C. $P(A)-P(AB)$　　D. $P(A)+P(\bar{B})-P(A\bar{B})$

10. 一个盒子中有 $m(m>2)$ 个白球和 n 个红球.现从该盒子中不放回地随机取球,每次取1个球,连续取3次,则3次均取到白球的概率为(　　).

A. $\dfrac{C_m^3}{A_{m+n}^3}$　　B. $\dfrac{A_m^3}{C_{m+n}^3}$　　C. $\dfrac{C_m^3}{C_{m+n}^3}$　　D. $\dfrac{A_m^3}{A_{m+n}^3}$

二、填空题

1. 若事件 A,B,C 满足 $B\subset A,C\subset A,P(A)=0.9,P(\bar{C}\cup\bar{B})=0.8$,则 $(A-BC)=$________.

2. 若在 n 次独立重复试验中,A 至少发生1次的概率为 p,则在1次试验中 A 发生的概率为________.

3. 设 A,B 为两个事件,且 $P(A)=0.3,P(B)=0.4,P(A|B)=0.5$,则

$P(B|A)=$________，$P(B|A\cup B)=$________.

4. 已知 A,B,C 为三个事件，且 $P(A)=P(B)=P(C)=\frac{1}{4}$，$P(AB)=0$，$P(AC)=P(BC)=\frac{1}{16}$，则 A,B,C 中至少有一个发生的概率为________.

5. 设有一批产品，其中 10 件是正品，2 件是次品. 从这批产品中任意抽取 2 次，每次抽取 1 件，抽出后不再放回，则第 2 次抽出的是次品的概率为________.

6. 掷三颗骰子，则其中任一颗出现 5 点，而另外两颗出现的点数不同且不等于 5 的概率为________.

7. 一射手对目标独立地射击 4 次，设每次射击的命中率为 $p=0.8$，则

(1) 恰好击中 2 次的概率为________；

(2) 至少击中 1 次的概率为________.

8. 甲、乙两个射手彼此独立地向同一目标射击，设甲击中目标的概率为 0.8，乙击中目标的概率为 0.7，则目标被击中的概率为________.

9. 设有 10 个球，其中 3 个是红球，7 个是绿球. 将这 10 个球随机分给 10 个小朋友，每人 1 个球，则最后 3 个分到球的小朋友中恰有 1 个得到红球的概率为________.

10. 已知事件 A,B 满足 $P(AB)=P(\overline{A}\overline{B})$，$P(A)=0.25$，则 $P(B)=$________.

三、计算题与证明题

1. 设 x 为从自然数 1～100 中随机选取的一个数，求 $x+\frac{100}{x}>50$ 的概率.

2. 掷两颗骰子，求下列事件的概率：

(1) $A=\{$两颗骰子出现不同的点数$\}$；

(2) $B=\{$两颗骰子出现的点数之和等于 7$\}$；

(3) $C=\{$两颗骰子出现的点数之和大于 5 且小于 9$\}$.

3. 从 1,2,…,10 这 10 个数中任取 1 个，然后放回，先后取出 6 个数，求下列事件的概率：

$$A=\{6\text{ 个数全不相同}\},\quad B=\{6\text{ 个数不包含 }1\text{ 和 }10\}$$

4. 证明：若事件 A，B 满足 $P(A|B)=P(A|\bar{B})$，则 A 与 B 相互独立.

5. 某一工厂有甲、乙、丙三个车间生产同种产品，已知它们的产量分别占总产量的45%，35%，20%. 假设甲、乙、丙三个车间的次品率分别为5%，4%，2%. 要求：

(1) 从全厂的产品中任意抽取1个，求取出的产品是次品的概率；

(2) 如果从全厂产品中取出的1个恰好是次品，求该产品由甲车间生产的概率.

6. 在数字通信过程中，信源发射0和1两种状态信号，其中发送0的概率为0.55，发送1的概率为0.45. 由于信道中存在干扰，在发送0时，接收端分别以概率0.9，0.05，0.05接收到0和1与"不清"；在发送1时，接收端分别以概率0.85，0.05，0.1接收到1和0与"不清". 现接收端接收到1，问：发送端发送的是0的概率是多少？

7. 从5双不同尺寸的鞋中任取4只，求至少有2只凑成1双的概率.

8. 假设有2箱同种零件，第1箱内装有50个零件，其中10个是一等品；第2箱内装有30个零件，其中18个是一等品. 现从这2箱零件中任意挑选出1箱，然后从该箱中先后随机取出2个零件，取出的零件均不放回，试求：

(1) 先取出的零件是一等品的概率；

(2) 在先取出的零件是一等品的条件下，后取出的零件仍是一等品的概率.

9. 设在1次试验中事件 A 发生的概率为 $P(A)=0.7$，问：至少做多少次试验，才能使 A 至少发生1次的概率超过0.99？

第 2 章

随机变量及其概率分布

本章用定量的方法，从整体上研究随机现象.

2.1 随机变量

2.1.1 随机变量的概念

在许多的实际问题中，有时人们只关心某些数据，如电子元件的寿命、车站的候车人数等. 此外，人们发现许多随机试验的结果都可以用数量来表示，例如，一个学生可以用一个学号与之对应，城中某街道上的房子可以用一个门牌与之对应，工厂生产的产品可以用一个代码与之对应等. 由此产生了随机变量的概念，引入随机变量有助于人们利用一些现有的数学方法对随机现象做进一步的研究.

定义 2.1.1 设随机试验的样本空间为 Ω. 如果对于任意样本点 $\omega\in\Omega$，存在一个实数 $X=X(\omega)$与之对应，即 $X=X(\omega)$是定义在 Ω 上的单值函数，则称 X 为随机变量.

注：

(1) 随机变量通常用 X、Y、Z 或者 ξ、η、ζ 等表示.

(2) 随机变量的取值由随机试验本身决定，其定义域为样本空间.

(3) 由于随机试验的结果的出现具有一定的概率，因此随机变量的取值和取每个确定范围内的值也有一定的概率.

随机事件是从静态的观点研究随机现象，而随机变量则是从动态的观点来研究随机现象.引入随机变量后,对随机现象统计规律的研究就由对事件及其事件概率的研究扩大为对随机变量及其取值规律的研究,并可以用数学的方法对随机试验的结果进行广泛而深入的研究和讨论.

例 2.1.1 考察一个医院每天的就诊人数 X,则 X 是一个随机变量,它的取值范围是$\{0,1,2,\cdots\}$.

例 2.1.2 考察一个公交车站上乘客的等车时间 X,则 X 是一个随机变量,它的取值范围是某个时间区间.

根据随机变量的取值范围的不同,可以将随机变量分为离散型随机变量和非离散型随机变量.下面先介绍离散型随机变量,在 2.5 节中再介绍一类特殊的非离散型随机变量——连续型随机变量.

2.1.2 离散型随机变量

定义 2.1.2 如果随机变量 X 所有可能的取值只有有限个或可列无穷多个(可以和正整数集中的元素一一对应),则称 X 为离散型随机变量.

设离散型随机变量 X 的可能取值 $x_1,x_2,\cdots,x_k,\cdots$,且其分别取这些值的概率为

$$P\{X=x_k\}=p_k,\quad k=1,2,\cdots \tag{2.1.1}$$

通常称式(2.1.1)为离散型随机变量 X 的概率分布律,简称分布律.分布律(2.1.1)也可用下面的表格表示.

X	x_1	x_2	$\cdots$	x_k	$\cdots$
p_k	p_1	p_2	$\cdots$	p_k	$\cdots$

随机变量 X 的分布律具有以下性质:

(1) 非负性:$p_k\geqslant 0,k=1,2,\cdots$;

(2) 规范性:$\sum\limits_{k=1}^{+\infty}p_k=1$.

注:可以证明,性质(1)、性质(2)是 $p_k(k=1,2,\cdots)$可以作为某个离散型随机变量的分布律的充要条件.

例 2.1.3 一实验室共有 40 台同类型的仪器,其中 5 台仪器不能正常工作.某班实验课时随机取出其中的 34 台,求取得不能正常工作的仪器台数 X 的分布律.

解：X 为随机变量，它的可能取值为 0,1,…,5，分布律为

$$P(X=k)=\frac{C_5^k C_{35}^{34-k}}{C_{40}^{34}},\quad k=0,1,\cdots 5$$

例 2.1.4 某人射击进行到目标被击中或6发子弹用完为止，如果每次射击的命中率都是0.4，求总射击次数 X 的分布律.

解：X 为随机变量，它的可能取值为 1,2,…,6. $X=k$ 表示"前 $k-1$ 次均未击中，第 k 次击中"($k=1,2,3,4,5$)，而 $X=6$ 表示"前 5 次均未击中，第 6 次击中"或者"6 次均未击中"，故 X 的分布律为

X	1	2	3	4	5	6
p_k	0.4	0.6×0.4	$0.6^2\times0.4$	$0.6^3\times0.4$	$0.6^4\times0.4$	$0.6^6+0.6^5\times0.4$

例 2.1.5 设随机变量 X 具有分布律

$$P(X=k)=ak,\quad k=1,2,3,4,5$$

要求：

(1) 确定常数 a；(2) 计算 $P\left(\frac{1}{2}<X<\frac{5}{2}\right)$ 和 $P(1\leqslant X\leqslant 2)$.

解：

(1) 由概率的规范性得

$$\sum_{k=1}^{5}P(X=k)=\sum_{k=1}^{5}ak=15a=1$$

从而 $a=\frac{1}{15}$.

(2)

$$P\left(\frac{1}{2}<X<\frac{5}{2}\right)=P(X=1)+P(X=2)=\frac{1}{15}+\frac{2}{15}=\frac{1}{5}$$

$$P(1\leqslant X\leqslant 2)=P(X=1)+P(X=2)=\frac{1}{15}+\frac{2}{15}=\frac{1}{5}$$

习题 2.1

1. 设在 10 件某种产品中有 8 件合格品和 2 件不合格品. 现从这 10 件产品中任意抽取 3 次，每次取 1 件. 根据下面两种抽取方式，求取得的不合格品件数 X 的

分布律：

（1）有放回抽取；（2）不放回抽取.

2. 掷两颗骰子，记点数之和为 X. 要求：

（1）写出 X 的分布律；（2）计算 $P(X\geqslant 6|X\geqslant 3)$.

3. 设一汽车开往目的地的路上需经过 3 个路口，每个路口都有一组信号灯，每组信号灯以 0.5 的概率允许或禁止汽车通过. 以 X 表示该汽车首次遇到红灯前已经通过的路口个数，求 X 的分布律.

4. 设随机变量 X 的分布律为

X	0	1	2	3
p_k	$\frac{1}{9}$	$2\theta(1-\theta)$	$\frac{1}{9}$	$1-2\theta$

试确定常数 θ.

2.2 0—1 分布和二项分布

0—1 分布和二项分布是两种重要的离散型随机变量的分布.

2.2.1 0—1 分布

如果随机变量 X 只取 0,1 两个值，$(0<p<1)$，则称 X 服从 0—1 分布，且它的分布律为

X	0	1
p_k	$1-p$	p

0—1 分布是最基本的离散型随机变量的分布，当试验的可能结果只有两种时，可以用 0—1 分布表示试验的可能结果及其概率. 0—1 分布也称为两点分布.

例 2.2.1 射手射击的成绩在 9.5 环以上时被认为射击成功. 如果射手每次射击成功的概率为 0.45，令

$$X=\begin{cases}1, & \text{射击成功}\\0, & \text{否则}\end{cases}$$

则随机变量 X 服从 0—1 分布，其分布律为

X	0	1
p_k	0.55	0.45

例 2.2.2 一商店里有 10 张同类型的 CD 光盘，其中 6 张为一级品，3 张为二级品，1 张为不合格品. 顾客在购买时任取其中 1 张，求取得合格品的概率.

解：令

$$X=\begin{cases}1, & \text{取得合格品}\\0, & \text{否则}\end{cases}$$

则随机变量 X 服从 0—1 分布，其分布律为

X	0	1
p_k	0.1	0.6+0.3

于是，取得合格品的概率为

$$P(X=1)=0.6+0.3=0.9$$

2.2.2 伯努利试验和二项分布

1. 伯努利试验

设试验 E 只有两个可能结果：事件 A 发生或事件 A 不发生，则称 E 为伯努利试验. 将试验 E 独立重复地进行 n 次，则称这 n 次独立试验为 n 重伯努利试验.

伯努利试验是一种重要的数学模型，在实际中具有广泛的应用. 例如，连续打靶并观察是否命中，连续抛掷硬币并观察出现正面向上和反面向上的情况，连续抽取产品并观察抽到正品和次品的情况，等等，都是伯努利试验.

2. 二项分布

在 n 重伯努利试验中，事件 A 发生的次数 X 是一个随机变量. 如果每次试验

中 A 发生的概率为 $p(0<p<1)$,则称 X 服从参数为 n,p 的二项分布,记作 $X\sim B(n,p)$.

二项分布是概率论中一种重要的分布.

例 2.2.3 将一颗骰子连续掷 3 次,观察出现 6 点的次数及其相应的概率.

解:设出现 6 点的次数为 X,则 $X\sim B\left(3,\dfrac{1}{6}\right)$. 设事件 A_i 表示"第 i 次掷出 6 点"$(i=1,2,3)$. 则

$$P(X=0)=P(\overline{A}_1\overline{A}_2\overline{A}_3)=\left(\frac{5}{6}\right)^3=C_3^0\left(\frac{1}{6}\right)^0\left(\frac{5}{6}\right)^3\approx 0.578704$$

$$P(X=1)=P(A_1\overline{A}_2\overline{A}_3\cup\overline{A}_1A_2\overline{A}_3\cup\overline{A}_1\overline{A}_2A_3)=C_3^1\left(\frac{1}{6}\right)^1\left(\frac{5}{6}\right)^2\approx 0.347222$$

$$P(X=2)=P(A_1A_2\overline{A}_3\cup A_1\overline{A}_2A_3\cup\overline{A}_1A_2A_3)=C_3^2\left(\frac{1}{6}\right)^2\left(\frac{5}{6}\right)^1\approx 0.069444$$

$$P(X=3)=P(A_1A_2A_3)=\left(\frac{1}{6}\right)^3=C_3^3\left(\frac{1}{6}\right)^3\left(\frac{5}{6}\right)^0\approx 0.004630$$

一般地,有下面的定理.

定理 2.2.1 如果每次试验中事件 A 发生的概率为 $p(0<p<1)$,则在 n 重伯努利试验中 A 恰好发生 k 次的概率为

$$P(X=k)=C_n^kp^k(1-p)^{n-k},\quad k=0,1,2,\cdots,n \tag{2.2.1}$$

定理 2.2.1 说明,若随机变量 X 服从参数为 n,p 的二项分布,则 X 的分布律为式(2.2.1).

注:

(1) 由 $0<p<1$,容易知道 $P(X=k)>0(k=0,1,2,\cdots,n)$,即式(2.2.1)满足概率的非负性.

(2) 由于 $\sum\limits_{k=0}^{n}C_n^kp^k(1-p)^{n-k}=[p+(1-p)]^n=1$,所以式(2.2.1)满足概率的规范性。

例 2.2.4 一办公室有 8 台计算机. 设在任一时刻每台计算机被使用的概率为 0.6,各台计算机是否被使用是相互独立的,问:

(1) 在同一时刻,恰有 3 台计算机被使用的概率是多少?

(2) 在同一时刻,至多有 2 台计算机被使用的概率是多少?

(3) 在同一时刻,至少有 2 台计算机被使用的概率是多少?

解:设 X 为在同一时刻 8 台计算机中被使用的台数,则 $X \sim B(8, 0.6)$.

(1) 所求的概率为

$$P(X=3)=C_8^3 \times 0.6^3 \times (1-0.6)^5 \approx 0.1239$$

(2) 所求的概率为

$$\begin{aligned} P(X \leqslant 2) &= P(X=0)+P(X=1)+P(X=2) \\ &= C_8^0 \times 0.6^0 \times 0.4^8 + C_8^1 \times 0.6^1 \times 0.4^7 + C_8^2 \times 0.6^2 \times 0.4^6 \\ &\approx 0.0498 \end{aligned}$$

(3) 所求的概率为

$$\begin{aligned} P(X \geqslant 2) &= 1-P(X=0)-P(X=1) \\ &= 1-C_8^0 \times 0.6^0 \times 0.4^8 - C_8^1 \times 0.6^1 \times 0.4^7 \\ &\approx 0.9915 \end{aligned}$$

例 2.2.4 中随机变量 X 的分布律为

X	0	1	2	3	4	5	6	7	8
p_k	0.0007	0.0079	0.0413	0.1239	0.2322	0.2787	0.2090	0.0896	0.0168

可见,当 k 从 0 开始增加时,概率 $P(X=k)$ 经历了一个从小到大,又从大到小的变化过程.事件“$X=5$”发生的概率最大,称为最可能事件,并称“5”为最可能次数.

一般而言,若 $X \sim B(n, p)$,则当 $(n+1)p$ 是整数时,有两个最可能次数:$(n+1)p$ 和 $(n+1)p-1$;当 $(n+1)p$ 不是整数时,最可能次数只有一个,为 $[(n+1)p]$(方括号表示取整).

2.2.3 0—1 分布与二项分布的关系

由于 n 重伯努利试验是 n 次相互独立的重复试验,每次试验只有事件 A 发生或不发生两个可能结果,可以记为 0 或 1,从而每次试验都对应一个 0—1 分布,因此二项分布的随机变量可以分解为 n 个 0—1 分布的随机变量之和,其中这 n 个随机变量的取值互不影响;反之,n 个取值互不影响的 0—1 分布的随机变量之和服从二项分布.

习题 2.2

1. 一条自动生产线所生产产品的一级品率为 0.6. 从该生产线生产的产品中随机抽查 10 件,求至少有 2 件一级品的概率.

2. 某种灯泡能使用 1500h 以上的概率为 0.7,求 5 只这种灯泡中至少有 3 只能使用 1500h 以上的概率.

3. 一堆种子的发芽率为 0.98. 从这堆种子中任取 5 粒,求以下事件的概率:

(1) 恰有 3 粒种子能发芽;

(2) 至少有 4 粒种子能发芽.

4. 某射手对同一目标独立地射击 4 次,若至少命中 1 次的概率为 $\frac{80}{81}$,求该射手的命中率.

5. 一条流水线所生产产品的合格率为 0.9,且合格品中有 80% 为一级品. 从该流水线生产的产品中任取 10 件. 试求:

(1) 取到 7 件合格品,3 件不合格品的概率;

(2) 至少取到 8 件一级品的概率;

(3) 已知其中有 1 件不是一级品,非一级品不超过 2 件的概率.

2.3 泊松分布

历史上,泊松分布是作为二项分布的近似于 1837 年由法国的数学家泊松(Poisson)引入的. 近几十年来,泊松分布日益显示出其重要性,成为概率论中最重要的几个分布之一.

2.3.1 泊松分布

定义 2.3.1 如果随机变量 X 的所有可能取值为 $0,1,2,\cdots$,且取各值的概率分别为

$$P(X=k)=\frac{\lambda^k}{k!}\mathrm{e}^{-\lambda},\quad k=0,1,2,\cdots \tag{2.3.1}$$

其中，$\lambda(\lambda>0)$为常数，则称 X 服从参数为 λ 的泊松分布，记为 $X\sim\pi(\lambda)$.

注：式(2.3.1)满足概率的规范性，即

$$\sum_{k=0}^{n}P(X=k)=\sum_{k=0}^{\infty}\frac{\lambda^k}{k!}\mathrm{e}^{-\lambda}=\mathrm{e}^{-\lambda}\sum_{k=0}^{\infty}\frac{\lambda^k}{k!}=\mathrm{e}^{-\lambda}\mathrm{e}^{\lambda}=1$$

泊松分布在实际生活中具有十分广泛的应用，例如一个电话交换台在一段时间内收到的呼唤次数，一个车站在某时间段内的候车人数等都服从泊松分布.

例 2.3.1 统计资料表明，某路口每月发生交通事故的次数服从参数为 6 的泊松分布，求该路口每月至少发生 2 次交通事故的概率.

解：设该路口每月发生交通事故的次数为 X，则由题意有 $X\sim\pi(6)$.

因此，所求的概率

$$\begin{aligned}P(X\geqslant 2)&=1-P(X<2)=1-P(X=0)-P(X=1)\\&=1-\frac{6^0}{0!}\mathrm{e}^{-6}-\frac{6^1}{1!}\mathrm{e}^{-6}\approx 0.9826\end{aligned}$$

也就是说，该路口几乎每月都要发生 2 次或 2 次以上交通事故.

例 2.3.2 设某商店中某种商品的日销售量 $X\sim\pi(5)$(单位：件)，试求：

(1) 日销售量为 3 件的概率；

(2) 日销售量不超过 10 件的概率；

(3) 在已经售出 1 件的条件下，当日至少销售 3 件的概率.

解：

(1) 所求的概率为

$$P(X=3)=\frac{5^3}{3!}\mathrm{e}^{-5}$$

由于 e^{-5} 比较难计算，可通过查泊松分布表(附录 B)求 $P(X=3)$，则

$$\begin{aligned}P(X=3)&=P(X\geqslant 3)-P(X\geqslant 4)=\sum_{k=3}^{\infty}\frac{5^k}{k!}\mathrm{e}^{-5}-\sum_{k=4}^{\infty}\frac{5^k}{k!}\mathrm{e}^{-5}\\&\approx 0.875348-0.734974=0.140374\end{aligned}$$

(2) 所求的概率为

$$\begin{aligned}P(X\leqslant 10)&=1-P(X\geqslant 11)=\sum_{k=11}^{\infty}\frac{5^k}{k!}\mathrm{e}^{-5}\\&\approx 1-0.013695=0.986305\end{aligned}$$

(3) 所求的概率为

$$P(X\geqslant 3\mid X\geqslant 1)=\frac{P[(X\geqslant 3)\cap(X\geqslant 1)]}{P(X\geqslant 1)}=\frac{P(X\geqslant 3)}{P(X\geqslant 1)}$$

$$\approx\frac{0.875348}{0.993262}\approx 0.881286$$

2.3.2 二项分布的泊松逼近

二项分布的概率计算比较复杂,可以利用泊松定理做近似计算.

泊松定理:设随机变量序列 $X_n\sim B(n,p_n)(n=1,2,\cdots)$,则当 $np_n\to\lambda$ $(n\to\infty)$时,

$$\lim_{n\to\infty}P(X_n=k)=\lim_{n\to\infty}C_n^k p_n^k(1-p_n)^{n-k}=\frac{\lambda^k}{k!}e^{-\lambda},\quad k=1,2,\cdots \tag{2.3.2}$$

泊松定理表明,二项分布以泊松分布为极限分布. 在实际应用中,若随机变量 $X\sim B(n,p)$,且 $n\geqslant 10$,$p\leqslant 0.1$,可采用泊松分布近似计算相应的概率. 当 $n\geqslant 20$,$p\leqslant 0.05$ 时,就可以有相当好的近似效果.

例 2.3.3(保险公司的获利问题) 某地有 2500 人购买保险,每人在年初向保险公司交 200 元保险费. 若在一年内投保人身故,则家属可从保险公司领取 5 万元保险金. 设该类投保人一年内身故的概率为 0.2%,求保险公司获利不少于 10 万元的概率.

解:设 X 为该类投保人一年内身故的人数,则 $X\sim B(2500,0.002)$. 保险公司一年的收入为$(200\times 2500-50000X)$元$=(500000-50000X)$元,故所求的概率为

$$P(500000-50000X\geqslant 100000)=P(X\leqslant 8)=\sum_{k=0}^{8}C_{2500}^k\times 0.002^k\times 0.998^{2500-k}$$

$$\approx 1-\sum_{k=9}^{\infty}\frac{(2500\times 0.002)^k}{k!}e^{-2500\times 0.002}$$

$$=1-\sum_{k=9}^{\infty}\frac{5^k}{k!}e^{-5}\approx 1-0.068094=0.931906$$

习题 2.3

1. 设某书每页中印刷错误的个数 X 服从泊松分布 $\pi(0.2)$,求该书每页中至少有 1 个错误的概率.

2. 设某电话总机 5min 内接到电话呼叫的次数 X 服从泊松分布 $\pi(2)$,求:

(1) 该总机 5min 内共接到 $k(k=0,1,\cdots,6)$ 个电话的概率;

(2) 该总机 5min 内至多接到 3 个电话的概率.

3. 设某商店中某种商品的月销售量 X(单位:百件)服从参数为 5 的泊松分布,问:在月初应库存多少种商品才能保证当月不脱销的概率达到 0.99?

4. 假如生三胞胎的概率为 0.0001,求在 10 万次生育中恰有 2 次生三胞胎的概率.

2.4 随机变量的分布函数

为了对各类随机变量做统一研究,下面给出一个既适合于离散型随机变量又适合于非离散型随机变量的概念——分布函数.

2.4.1 分布函数的定义

定义 2.4.1 设 X 是随机变量,x 是任意实数,则称实函数

$$F(x)=P(X\leqslant x),\quad x\in\mathbf{R}$$

为 X 的分布函数.

注:由定义 2.4.1 可知,随机变量 X 在任意区间 $(a,b]$ 内的概率可以由分布函数表示为

$$P(a<X\leqslant b)=P(X\leqslant b)-P(X\leqslant a)=F(b)-F(a)$$

例 2.4.1 设随机变量 X 的分布律为

X	-1	$\frac{1}{2}$	1	2
p_k	0.2	0.3	0.4	0.1

求 X 的分布函数 $F(x)$.

解:X 的所有可能取值为 $-1,\frac{1}{2},1,2$.

当 $x<-1$ 时,"$X\leqslant x$"是不可能事件,从而当 $x<-1$ 时,

$$F(x)=P(X\leqslant x)=0$$

当 $-1\leqslant x<\frac{1}{2}$ 时,

$$F(x)=P(X\leqslant x)=P(X=-1)=0.2$$

当 $\frac{1}{2}\leqslant x<1$ 时,

$$F(x)=P(X\leqslant x)=P(X=-1)+P\left(X=\frac{1}{2}\right)=0.2+0.3=0.5$$

当 $1\leqslant x<2$ 时,

$$F(x)=P(X\leqslant x)=P(X=-1)+P\left(X=\frac{1}{2}\right)+P(X=1)=0.9$$

当 $x\geqslant 2$ 时,

$$F(x)=P(X\leqslant x)=P(X=-1)+P\left(X=\frac{1}{2}\right)+P(X=1)+P(X=2)=1$$

因此,X 的分布函数为

$$F(x)=\begin{cases}0, & x<-1\\ 0.2, & -1\leqslant x<\frac{1}{2}\\ 0.5, & \frac{1}{2}\leqslant x<1\\ 0.9, & 1\leqslant x<2\\ 1, & x\geqslant 2\end{cases}$$

一般地,若 X 是离散型随机变量,则其分布函数 $F(x)=P(X\leqslant x)=\sum\limits_{x_k\leqslant x}p_k$ 是一个阶梯形的分段函数,它在 X 的每个可能取值点 x_k 处发生跳跃性间断,其跳跃度正好是 p_k.

2.4.2 分布函数的性质

分布函数 $F(x)$具有以下性质.

(1) $F(x)$是一个单调不减函数,即当 $x_1<x_2$ 时,$F(x_1)\leqslant F(x_2)$.

(2) $0\leqslant F(x)\leqslant 1$，并且有 $F(-\infty)=\lim\limits_{x\to-\infty}F(x)=0, F(+\infty)=\lim\limits_{x\to+\infty}F(x)=1$.

(3) $F(x)$ 右连续，即对于任意实数 x_0，都有

$$F(x_0+0)=\lim_{x\to x_0^+}F(x)=F(x_0)$$

(4) 若 X 是离散型随机变量，具有分布律 $P(X=x_k)=p_k(k=1,2,\cdots)$，则

$$F(x)=\sum_{x_k\leqslant x}p_k$$

(5) 离散型随机变量 X 在点 x_0 处的概率为

$$P(X=x_0)=F(x_0)-F(x_0-0)$$

例 2.4.2 设离散型随机变量 X 的分布函数为

$$F(x)=\begin{cases}0, & x<-1\\ 0.2, & -1\leqslant x<2\\ 0.7, & 2\leqslant x<4\\ 1, & x\geqslant 4\end{cases}$$

求：

(1) $P(X\leqslant 3)$，$P\left(\frac{1}{2}<X\leqslant 3\right)$，$P(X\geqslant 2)$；

(2) X 的分布律.

解：

(1) $P(X\leqslant 3)=F(3)=0.7$

$P\left(\frac{1}{2}<X\leqslant 3\right)=F(3)-F\left(\frac{1}{2}\right)=0.7-0.2=0.5$

$P(X\geqslant 2)=1-P(X\leqslant 2)+P(X=2)=1-F(2)+P(X=2)=0.8$

(2) 由 $P(X=x_0)=F(x_0)-F(x_0-0)$，可得

$$P(X=-1)=0.2-0=0.2$$

$$P(X=2)=0.7-0.2=0.5$$

$$P(X=4)=1-0.7=0.3$$

于是 X 的分布律为

X	-1	2	4
p_k	0.2	0.5	0.3

习题 2.4

1. 设某电话总机5min内接到电话呼叫的次数 X 服从泊松分布 $\pi(2)$，对于 $x\leqslant 6$，计算 X 的分布函数 $F(x)$.

2. 设随机变量 X 的分布律为

X	0	1	2
p_k	0.3	0.2	0.5

求：

(1) X 的分布函数 $F(x)$；

(2) $P\left(X\leqslant\frac{3}{2}\right)$，$P(1<X\leqslant 4)$，$P(1\leqslant X\leqslant 4)$.

3. 设离散型随机变量 X 的分布函数为

$$F(x)=\begin{cases}0, & x<-1\\ 0.2, & -1\leqslant x<0\\ 0.6, & 0\leqslant x<2\\ 0.9, & 2\leqslant x<4\\ 1, & x\geqslant 4\end{cases}$$

求 X 的分布律.

2.5 连续型随机变量

本节介绍一类比较常见的非离散型随机变量——连续型随机变量.离散型随机变量的特点是只取有限个或可列无穷多个值，而连续型随机变量的取值可充满某一区间.来看下面的例子.

例 2.5.1 设随机变量 X 在区间 $[a,b]$ 上均匀取值，求 X 的分布函数 $F(x)$.

解：当 $x<a$ 时，“$X\leqslant x$”是不可能事件，因此

$$F(x)=P(X\leqslant x)=0$$

如图 2-5-1 所示，设 $x_1, x_2(x_1<x_2)$是区间$[a,b]$中任意两点，由 X 取值的均匀性可知，X 取值落入区间$[x_1,x_2]$中的概率应是区间$[x_1,x_2]$的长度与整个区间$[a,b]$的长度之比，即 $P(x_1\leqslant X\leqslant x_2)=\dfrac{x_2-x_1}{b-a}$，当 $a\leqslant x\leqslant b$ 时，有

$$F(x)=P(X\leqslant x)=P(X<a)+P(a\leqslant X\leqslant x)=0+P(a\leqslant X\leqslant x)=\frac{x-a}{b-a}$$

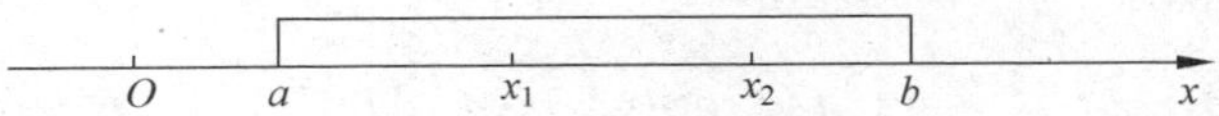

图 2-5-1

当 $x>b$ 时，“$X\leqslant x$”是必然事件，从而

$$F(x)=P(X\leqslant x)=1$$

综上所述，X 的分布函数为

$$F(x)=\begin{cases}0, & x<a\\ \dfrac{x-a}{b-a}, & a\leqslant x\leqslant b\\ 1, & x>b\end{cases}$$

2.5.1 连续型随机变量的定义

定义 2.5.1 设 X 是随机变量，$F(x)$是 X 的分布函数. 如果存在非负可积函数 $f(x)$，使得对于任意实数 x，都有

$$F(x)=\int_{-\infty}^{x}f(t)\mathrm{d}t$$

则称 X 为连续型随机变量，并称 $f(x)$为 X 的概率密度函数，简称密度函数或概率密度.

在例 2.5.1 中，令

$$f(x)=\frac{\mathrm{d}F(x)}{\mathrm{d}x}=\begin{cases}\dfrac{1}{b-a}, & a<x<b\\ 0, & 其他\end{cases}$$

则有

$$F(x)=\int_{-\infty}^{x}f(t)\mathrm{d}t$$

所以，X 是连续型随机变量，$f(x)$是它的密度函数. 事实上，这时 X 服从的分布正是2.6节中介绍的均匀分布.

注：

(1) 由微积分知识可知，连续型随机变量的分布函数是连续函数.

(2) 设 X 为连续型随机变量，则对于任意实数 $a,b(a<b)$，都有

$$P(a<X\leqslant b)=F(b)-F(a)=\int_{-\infty}^{b}f(t)\mathrm{d}t-\int_{-\infty}^{a}f(t)\mathrm{d}t$$
$$=\int_{a}^{b}f(t)\mathrm{d}t=\int_{a}^{b}f(x)\mathrm{d}x \tag{2.5.1}$$

如图2-5-2所示，式(2.5.1)表示 X 落入区间$(a,b]$中的概率为曲线 $y=f(x)$（称为密度曲线）与直线 $x=a$，$x=b$ 及 x 轴所围成的曲边梯形的面积.

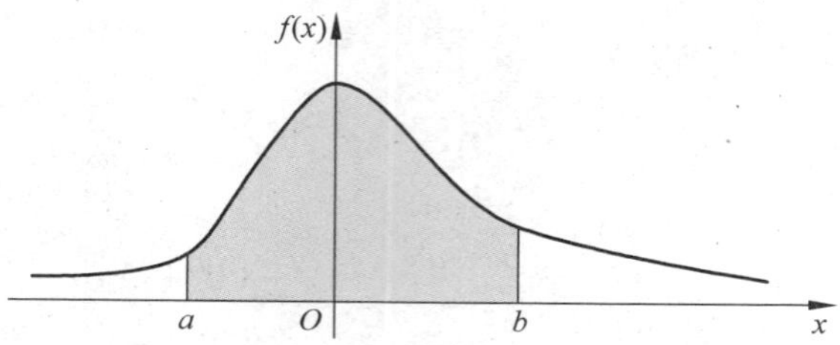

图 2-5-2

(3) 由图2-5-2可知，X 取任意单点值 a 的概率为0，即

$$P(X=a)=0$$

从而

$$P(a<X\leqslant b)=P(a<X<b)=P(a\leqslant X\leqslant b)=P(a\leqslant X<b)$$
$$=\int_{a}^{b}f(x)\mathrm{d}x$$

2.5.2 密度函数的性质

连续型随机变量 X 的密度函数 $f(x)$具有以下性质：

(1) 非负性：$f(x)\geqslant 0$；

(2) 规范性：$\int_{-\infty}^{+\infty}f(x)\mathrm{d}x=1$；

(3) $P(a<X\leqslant b)=\int_{a}^{b}f(x)\mathrm{d}x$；

(4) 在 $f(x)$的连续点 x 处,有$\frac{dF(x)}{dx}=f(x)$.

注:可以证明,性质(1)和性质(2)是函数 $f(x)$可以作为某个连续型随机变量的密度函数的充要条件.

例 2.5.2 设随机变量 X 的密度函数为

$$f(x)=\begin{cases}2x, & 0\leqslant x<\frac{1}{2}\\ 6-6x, & \frac{1}{2}\leqslant x\leqslant 1\\ 0, & \text{其他}\end{cases}$$

求:

(1) X 的分布函数 $F(x)$;

(2) $P\left(-1<X\leqslant\frac{3}{5}\right)$.

解:(1) 当 $x<0$ 时,

$$F(x)=\int_{-\infty}^{0}f(t)\mathrm{d}t=0$$

当 $0\leqslant x<\frac{1}{2}$时,

$$F(x)=\int_{-\infty}^{0}0\mathrm{d}t+\int_{0}^{x}2t\,\mathrm{d}t=x^2$$

当$\frac{1}{2}\leqslant x\leqslant 1$ 时,

$$F(x)=\int_{-\infty}^{0}0\mathrm{d}t+\int_{0}^{\frac{1}{2}}2t\,\mathrm{d}t+\int_{\frac{1}{2}}^{x}(6-6t)=6x-3x^2-2$$

当 $x>1$ 时,

$$F(x)=\int_{-\infty}^{0}0\mathrm{d}t+\int_{0}^{\frac{1}{2}}2t\,\mathrm{d}t+\int_{\frac{1}{2}}^{1}(6-6t)+\int_{1}^{x}0\mathrm{d}t=1$$

所以

$$F(x)=\begin{cases}0, & x<0\\ x^2, & 0\leqslant x<\frac{1}{2}\\ 6x-3x^2-2, & \frac{1}{2}\leqslant x\leqslant 1\\ 1, & x>1\end{cases}$$

(2) $P\left(-1 < X \leqslant \dfrac{3}{5}\right) = \int_{-1}^{0} 0\mathrm{d}x + \int_{0}^{\frac{1}{2}} 2x\,\mathrm{d}x + \int_{\frac{1}{2}}^{\frac{3}{5}} (6-6x) = \dfrac{13}{25}$

例 2.5.3 设随机变量 X 的密度函数为

$$f(x)=\begin{cases}Ax(x+1), & 0\leqslant x<1\\ 0, & \text{其他}\end{cases}$$

求：

(1) A 的值；

(2) $P\left(-1<X\leqslant\dfrac{1}{2}\right)$.

解：

(1) 由密度函数的规范性可知

$$1=\int_{-\infty}^{+\infty} f(x)\mathrm{d}x=\int_{0}^{1} Ax(x+1)\mathrm{d}x=\frac{5}{6}A$$

从而 $A=\dfrac{6}{5}$.

(2) $P\left(-1 < X \leqslant \dfrac{1}{2}\right) = \int_{-1}^{\frac{1}{2}} f(x)\mathrm{d}x = \int_{-1}^{0} 0\mathrm{d}x + \int_{0}^{\frac{1}{2}} \dfrac{6}{5}x(x+1)\mathrm{d}x = \dfrac{1}{5}$

例 2.5.4 某批晶体管的使用寿命 X（单位：h）具有密度函数

$$f(x)=\begin{cases}\dfrac{100}{x^2}, & x\geqslant 100\\ 0, & \text{其他}\end{cases}$$

从这批晶体管中任取 5 只，求：

(1) 使用最初 150h 内无一晶体管损坏的概率；

(2) 使用最初 150h 内至多有 1 只晶体管损坏的概率.

解：任一晶体管其使用寿命超过 150h 的概率为

$$p=P(X>150)=\int_{150}^{+\infty} f(x)\mathrm{d}x=\int_{150}^{+\infty}\frac{100}{x^2}\mathrm{d}x=\frac{2}{3}$$

设 Y 为任取的 5 只晶体管中使用寿命超过 150h 的晶体管只数，则 $Y\sim B\left(5,\dfrac{2}{3}\right)$.

(1) 所求概率为

$$P(Y=5)=\mathrm{C}_5^5\left(\frac{2}{3}\right)^5\left(\frac{1}{3}\right)^0\approx 0.1317$$

(2) 所求概率为

$$P(Y \geqslant 4) = P(X=4) + P(X=5) = C_5^4\left(\frac{2}{3}\right)^4\left(\frac{1}{3}\right)^1 + C_5^5\left(\frac{2}{3}\right)^5\left(\frac{1}{3}\right)^0 \approx 0.4609$$

习题 2.5

1. 已知连续型随机变量 X 的密度函数为

$$f(x) = \begin{cases} kx^2, & -1 \leqslant x < 2 \\ 0, & \text{其他} \end{cases}$$

求：(1) k 的值；(2) X 的分布函数 $F(x)$；(3) $P(0<X\leqslant 1)$.

2. 设连续型随机变量 X 的密度函数为

$$f(x) = \begin{cases} \dfrac{x}{2}, & 0 < x \leqslant 1 \\ \dfrac{1}{2}, & 1 < x \leqslant 2 \\ \dfrac{3-x}{2}, & 2 < x < 3 \\ 0, & \text{其他} \end{cases}$$

求 X 的分布函数 $F(x)$.

3. 设连续型随机变量 X 的分布函数为

$$F(x) = \begin{cases} A, & x < 0 \\ Bx^2, & 0 \leqslant x < 1 \\ Cx - 0.5x^2 - 1, & 1 \leqslant x < 2 \\ 1, & x \geqslant 2 \end{cases}$$

求：(1) A,B,C 的值；(2) X 的密度函数 $f(x)$；(3) $P\left(X>\dfrac{1}{2}\right)$.

4. 设连续型随机变量 X 的密度函数为

$$f(x) = \begin{cases} 2x, & 0 \leqslant x < 1 \\ 0; & \text{其他} \end{cases}$$

Y 表示对 X 进行的 3 次独立重复观察中事件 $X\leqslant\dfrac{1}{2}$ 出现的次数，求 Y 的分布律.

5. 设某河流每年的最高水位 X（单位：m）具有密度函数

$$f(x)=\begin{cases}\dfrac{2}{x^3}, & x\geqslant 1\\ 0, & \text{其他}\end{cases}$$

今修建能防御百年一遇洪水（遇到的概率不超过 0.01）的河堤，问：至少要修建多高的河堤？

2.6 均匀分布和指数分布

本节主要介绍两种重要的连续型随机变量的分布：均匀分布和指数分布.

2.6.1 均匀分布

定义 2.6.1 设随机变量 X 的密度函数为

$$f(x)=\begin{cases}\dfrac{1}{b-a}, & a<x<b\\ 0, & \text{其他}\end{cases}\tag{2.6.1}$$

则称 X 服从区间 (a,b) 上的均匀分布，记作 $X\sim U(a,b)$.

注：

(1) 如果把密度函数(2.6.1)中的"$a<x<b$"改为"$a\leqslant x\leqslant b$"，那么称 X 服从区间 $[a,b]$ 上的均匀分布，记作 $X\sim U[a,b]$.

(2) 均匀分布 X 的分布函数为

$$F(x)=\begin{cases}0, & x\leqslant a\\ \dfrac{x-a}{b-a}, & a<x<b\\ 1, & x\geqslant b\end{cases}$$

(3) 均匀分布随机变量 X 的特点是：X 落入任何子区间中的概率仅与子区间的长度成正比，而与子区间的位置无关. 事实上，当 $(c,d)\subset(a,b)$ 时，

$$P\{c<X<d\}=\int_c^d\frac{\mathrm{d}x}{b-a}=\frac{d-c}{b-a}$$

(4) 均匀分布的密度函数和分布函数的图形分别如图 2-6-1 和图 2-6-2 所示.

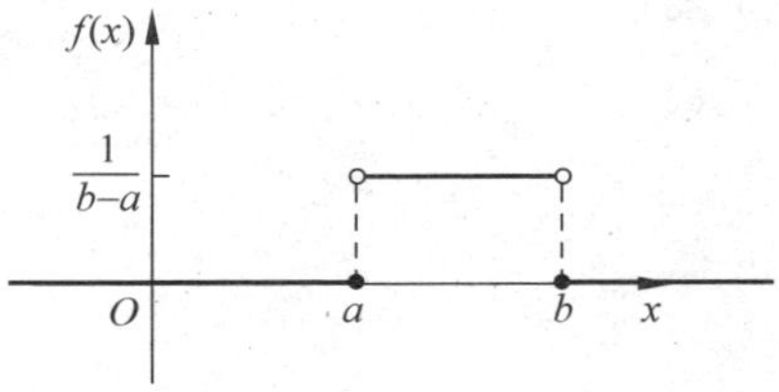

图 2-6-1

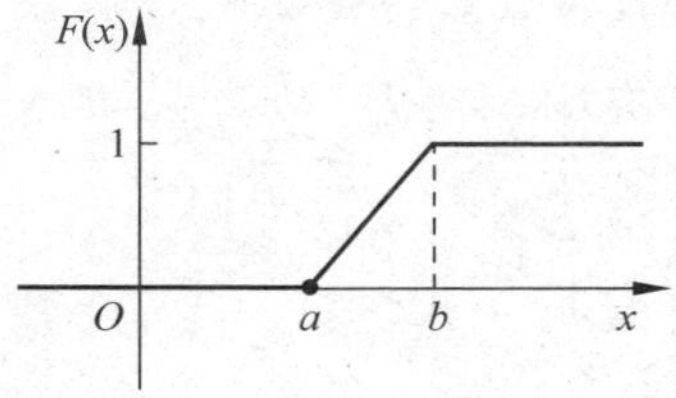

图 2-6-2

例 2.6.1 设一长途客车中途停靠某个车站的时间 T 在 12:10—12:45 之间是等可能的，某乘客于 12:20 到达该车站，等候半个小时后离开，求他能赶上此客车的概率.

解：设 12:00 对应于 0 时刻，则由题意知此客车中途停靠该车站的时间 $T\sim U[10,45]$（单位：min），其密度函数为

$$f(t)=\begin{cases}\dfrac{1}{35}, & 10\leqslant t\leqslant 45\\ 0, & \text{其他}\end{cases}$$

于是所求的概率为

$$P(20\leqslant T\leqslant 50)=P(20\leqslant T\leqslant 45)=\frac{45-20}{45-10}=\frac{5}{7}$$

2.6.2 指数分布

定义 2.6.2 如果随机变量 X 的密度函数为

$$f(x)=\begin{cases}\lambda\mathrm{e}^{-\lambda x}, & x>0\\ 0, & \text{其他}\end{cases}\quad(\lambda>0)$$

则称 X 服从参数为 λ 的指数分布，记作 $X\sim\mathrm{e}(\lambda)$.

注：

(1) 指数分布 $\mathrm{e}(\lambda)$ 的分布函数为

$$F(x)=\begin{cases}1-\mathrm{e}^{-\lambda x}, & x>0\\ 0, & \text{其他}\end{cases}$$

(2) 指数分布在排队论和可靠性理论中有着广泛的应用，它常常被用来作为各种“寿命”的近似分布. 例如，电子元件的使用寿命、电话的通话时间、微生物的寿

命等都近似服从指数分布. 指数分布的一个重要特点是：它具有"无记忆性"，或者说它具有"永远年轻"的性质. 具体地，设 $X\sim e(\lambda)$，则对于任意 $s>0, t>0$，都有

$$P\{X>s+t \mid X>s\}=P\{X>t\}$$

事实上

$$P\{X>s\}=\int_s^{+\infty} f(x)\mathrm{d}x=\int_s^{+\infty}\lambda \mathrm{e}^{-\lambda x}\mathrm{d}x=-\mathrm{e}^{-\lambda x}\Big|_s^{+\infty}=\mathrm{e}^{-\lambda s}$$

$$P\{X>s+t \mid X>s\}=\frac{P\{X>s+t\}}{P\{X>s\}}=\frac{\mathrm{e}^{-\lambda(s+t)}}{\mathrm{e}^{-\lambda s}}=\mathrm{e}^{-\lambda t}=P\{X>t\}$$

需要指出的是，证明指数分布是唯一具有无记忆性的连续型分布.

(3) 指数分布的密度函数和分布函数的图形分别如图 2-6-3 和图 2-6-4 所示.

例 2.6.2 设某种电子元件的使用寿命 X（单位：年）服从参数为 $\lambda=3$ 的指数分布，求：

(1) 这种电子元件的使用寿命在 0.5～1 年的概率；

(2) 这种电子元件的使用寿命超过 2 年的概率；

(3) 假设一个这种电子元件已经正常使用了 α 年，求它至少还能继续使用 β 年的概率.

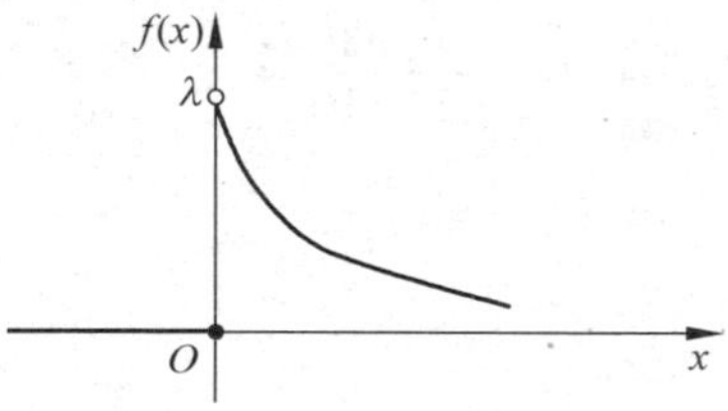

图 2-6-3

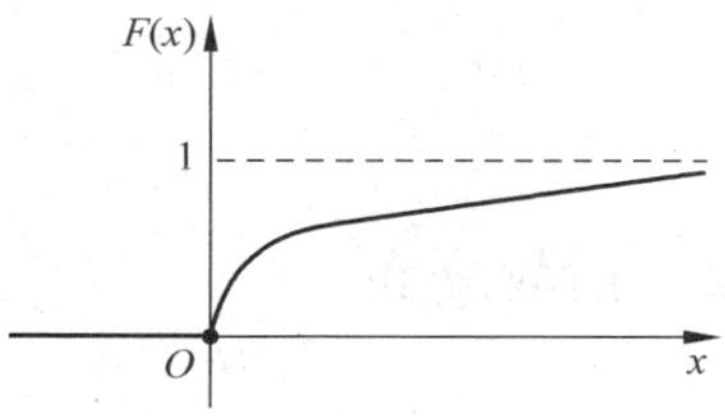

图 2-6-4

解：

(1) 所求的概率为

$$P(0.5\leqslant X\leqslant 1)=\int_{0.5}^{1} 3\mathrm{e}^{-3x}\mathrm{d}x=-\mathrm{e}^{-3x}\Big|_{0.5}^{1}=\mathrm{e}^{-1.5}-\mathrm{e}^{-3}$$

(2) 所求的概率为

$$P(X\geqslant 2)=\int_2^{+\infty} 3\mathrm{e}^{-3x}\mathrm{d}x=-\mathrm{e}^{-3x}\Big|_2^{+\infty}=\mathrm{e}^{-6}$$

(3) 所求的概率为

$$P\{X\geqslant \alpha+\beta \mid X\geqslant \alpha\}=\frac{P\{X\geqslant \alpha+\beta\}}{P\{X\geqslant \alpha\}}=\frac{\mathrm{e}^{-3(\alpha+\beta)}}{\mathrm{e}^{-3\alpha}}=\mathrm{e}^{-3\beta}$$

由 $e^{-3\beta}=1-F(\beta)=P(X\geqslant\beta)$ 可知，这种电子元件的使用寿命至少为 β 年的概率等于已经使用了 α 年的条件下，剩余使用寿命至少为 β 年的概率. 这种性质正是指数分布的无记忆性.

习题 2.6

1. 设随机变量 $X\sim U(2,5)$. 现对 X 进行 3 次独立观测，求至少有 2 次观测值大于 3 的概率.

2. 设随机变量 $X\sim U(0,5)$，求方程 $4x^2+4Xx+X+2=0$ 有实根的概率.

3. 设某收银台前顾客排队等候的时间 X(单位：min)服从指数分布，其密度函数为

$$f(x)=\begin{cases}\dfrac{1}{5}e^{-\frac{1}{5}x}, & x>0\\ 0, & \text{其他}\end{cases}$$

求 $P(X>10)$.

4. 设连续型随机变量 X 的分布函数为

$$f(x)=\begin{cases}ke^{-3(x-1)}, & x>1\\ 0, & \text{其他}\end{cases}$$

求：(1) k 的值；(2) $P(1.5\leqslant X\leqslant 2)$.

5. 设某仪器装了 3 个独立工作的同型号元件，其使用寿命 X(单位：h)服从密度函数为下式的指数分布.

$$f(x)=\begin{cases}\dfrac{1}{600}e^{-\frac{x}{600}}, & x>0\\ 0, & \text{其他}\end{cases}$$

求这种仪器在使用最初 200h 内至少有 1 个元件出现故障的概率.

2.7 正态分布

正态分布是概率论与数理统计中最重要的一种分布，主要可以从实践与理论两个方面来分析. 实践方面的原因是：正态分布是自然界中最常见的一种分布. 例

如，测量的误差、炮弹的弹着点、人的身高与体重、农作物的收获量等都近似服从正态分布. 一般而言，如果影响某一随机变量的因素很多，而每个因素的影响都比较微小，不起决定性作用，且这些影响是可以相互叠加的，则该随机变量近似服从正态分布. 从理论方面来说，正态分布具有许多好的性质，由正态分布可以导出其他一些分布，而且某些分布在一定的条件下可以用正态分布来近似. 高斯(Gauss)在研究误差理论时曾用正态分布来描述误差，所以在许多书籍中正态分布也称为高斯分布.

2.7.1 正态分布的定义

定义 2.7.1 设随机变量 X 的密度函数为

$$f(x)=\frac{1}{\sqrt{2\pi}\sigma}e^{-\frac{(x-\mu)^2}{2\sigma^2}},\quad -\infty<x<+\infty$$

其中，$\mu,\sigma(\sigma>0)$为常数，则称 X 服从参数为 μ,σ 的正态分布，记为 $X\sim N(\mu,\sigma^2)$.

由正态分布 $N(\mu,\sigma^2)$的密度函数 $f(x)$的图形(图 2-7-1)，容易得到以下结论.

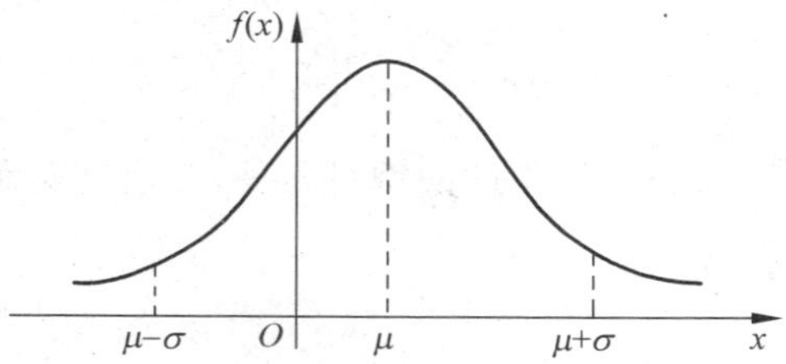

图 2-7-1

(1) 密度曲线 $y=f(x)$关于直线 $x=\mu$ 对称，即对于任意常数 a，都有

$$f(\mu-a)=f(\mu+a)$$

(2) 当 $x=\mu$ 时，$f(x)$取得最大值$\frac{1}{\sqrt{2\pi}\sigma}$.

(3) 密度曲线 $y=f(x)$有两个拐点，分别在 $x=\mu-\sigma$ 和 $x=\mu+\sigma$ 处取得.

(4) μ 确定密度曲线 $y=f(x)$在坐标系中的位置，σ 影响密度曲线 $y=f(x)$的形状. 当 σ 较大时，密度曲线 $y=f(x)$较平坦；当 σ 较小时，密度曲线 $y=f(x)$较陡峭. 显然，正态分布 $N(\mu,\sigma^2)$的分布函数为

$$F(x)=\frac{1}{\sigma\sqrt{2\pi}}\int_{-\infty}^{x}\mathrm{e}^{-\frac{(t-\mu)^2}{2\sigma^2}}\,\mathrm{d}t,\quad -\infty<x<+\infty$$

当 $\mu=0,\sigma=1$，即随机变量 $X\sim N(0,1)$ 时，称 X 服从标准正态分布.

标准正态分布的密度函数由专用符号表示为

$$\varphi(x)=\frac{1}{\sqrt{2\pi}}\mathrm{e}^{-\frac{x^2}{2}},\quad -\infty<x<+\infty$$

其分布函数为

$$\Phi(x)=\int_{-\infty}^{x}\frac{1}{\sqrt{2\pi}}\mathrm{e}^{-\frac{t^2}{2}}\,\mathrm{d}t,\quad -\infty<x<+\infty$$

可见，$\Phi(x)$ 为图 2-7-2 中阴影部分的面积.

注：$\Phi(-\infty)=0,\Phi(+\infty)=1$.

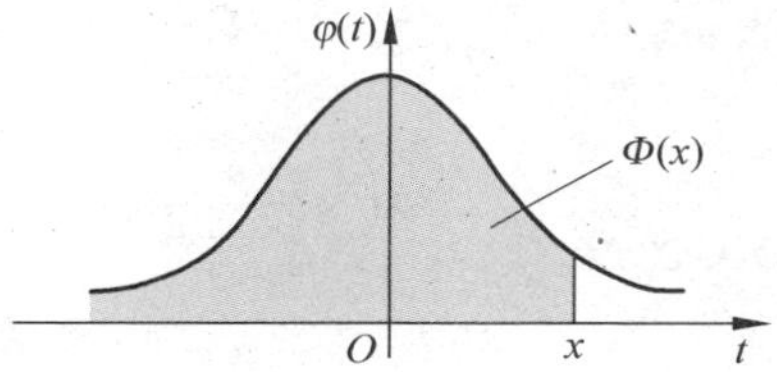

图 2-7-2

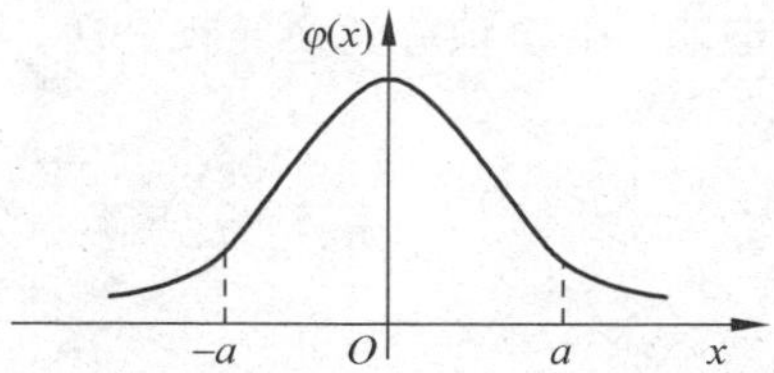

图 2-7-3

由于概率积分 $\int_{-\infty}^{x}\frac{1}{\sqrt{2\pi}}\mathrm{e}^{-\frac{t^2}{2}}\,\mathrm{d}t$ 属于不可积分类型，所以人们把标准正态分布的分布函数 $\Phi(x)$ 的值编成表格——标准正态分布表，见附录 A. 下面介绍如何使用附录 A.

当 $x>0$ 时，标准正态分布的分布函数 $\Phi(x)$ 的值可以直接查附录 A 中的数据得到. 例如，$\Phi(1)=0.8413$，$\Phi(1.645)\approx0.95$. 另外，若已知 $\Phi(a)=0.9750$，反过来查附录 A 中的数据，可得 $a=1.96$.

当 $x<0$ 时，利用标准正态分布的密度函数 $\varphi(x)$ 的对称性(图 2-7-3)，可得

$$\Phi(-a)=1-\Phi(a)\,(a>0)$$

例如：

$$\Phi(-1)=1-\Phi(1)=1-0.8413=0.1587$$

$$\Phi(-1.24)=1-\Phi(1.24)=1-0.8925=0.1075$$

2.7.2　一般正态分布概率的计算

本书附录 A 中仅给出了标准正态分布表，那么如何计算一般正态分布的概率？定理 2.7.1 给出的一个函数关系就能解决这个问题.

定理 2.7.1　设随机变量 $X\sim N(\mu,\sigma^2)$，则 X 的分布函数与标准正态分布的分布函数之间满足以下关系：

$$F(x)=\frac{1}{\sqrt{2\pi}\sigma}\int_{-\infty}^{x}\mathrm{e}^{-\frac{(t-\mu)^2}{2\sigma^2}}\mathrm{d}t=\Phi\left(\frac{x-\mu}{\sigma}\right)$$

即

$$\frac{X-\mu}{\sigma}\sim N(0,1)$$

证明：由定积分的换元积分法，令 $\frac{t-\mu}{\sigma}=s$，可得

$$F(x)=\frac{1}{\sqrt{2\pi}\sigma}\int_{-\infty}^{x}\mathrm{e}^{-\frac{(t-\mu)^2}{2\sigma^2}}\mathrm{d}t=\frac{1}{\sqrt{2\pi}\sigma}\int_{-\infty}^{\frac{x-\mu}{\sigma}}\mathrm{e}^{-\frac{s^2}{2}}\mathrm{d}s=\Phi\left(\frac{x-\mu}{\sigma}\right)$$

所以结论成立.

注：若随机变量 X 的方差 $D(X)>0$（见 4.2 节），通常称 $\frac{X-E(X)}{D(X)}$ 为 X 的标准化变量.

推论 2.7.1　若随机变量 $X\sim N(\mu,\sigma^2)$，则对于任意实数 $a,b(a<b)$，都有

$$P\{a<X\leqslant b\}=\Phi\left(\frac{b-\mu}{\sigma}\right)-\Phi\left(\frac{a-\mu}{\sigma}\right)\tag{2.7.1}$$

例 2.7.1　设随机变量 $X\sim N(\mu,\sigma^2)$，证明：当 $a>0$ 时，

$$P(|X|<a)=2\Phi(a)-1$$

证明：由式(2.7.1)可得

$$P(|X|<a)=P(-a<X<a)=\Phi(a)-\Phi(-a)=2\Phi(a)-1$$

例 2.7.2　设随机变量 $X\sim N(50,100)$，计算

$$P(45<X<62),\quad P(|X-50|\leqslant 10)$$

解：由式(2.7.1)可得

$$P(45<X<62)=F(62)-F(45)=\Phi\left(\frac{62-50}{10}\right)-\Phi\left(\frac{45-50}{10}\right)$$

$$=\Phi(1.2)-\Phi(-0.5)=\Phi(1.2)-[1-\Phi(0.5)]$$

$$=0.8849-1+0.6915=0.5764$$

$$P(|X-50|\leqslant 10)=P(40\leqslant X\leqslant 60)=\Phi\left(\frac{60-50}{10}\right)-\Phi\left(\frac{40-50}{10}\right)$$

$$=\Phi(1)-\Phi(-1)=2\Phi(1)-1$$

$$=2\times 0.8413-1=0.6826$$

例 2.7.3 设随机变量 $X\sim N(40,36)$，求 x_1，x_2，使得

$$P(X<x_1)=0.45,\quad P(X>x_2)=0.14$$

解：设 $F(x)$ 为 X 的分布函数，则

$$P(X<x_1)=F(x_1)=\Phi\left(\frac{x_1-40}{6}\right)=0.45$$

由 $\Phi(0)=0.5$，$0.45<0.5$ 以及分布函数的单调不减性质知 $\frac{x_1-40}{6}<0$，所以

$$\Phi\left(-\frac{x_1-40}{6}\right)=1-\Phi\left(\frac{x_1-40}{6}\right)=1-0.45=0.55$$

查附录 A，得 $-\frac{x_1-40}{6}\approx 0.13$，从而有

$$x_1\approx -0.13\times 6+40=39.22$$

又由

$$P(X>x_2)=1-F(x_2)=1-\Phi\left(\frac{x_2-40}{6}\right)=0.14$$

可得

$$\Phi\left(\frac{x_2-40}{6}\right)=0.86$$

查附录 A，得 $\frac{x_2-40}{6}\approx 1.08$，从而

$$x_1\approx 1.08\times 6+40=46.48$$

例 2.7.4 设某机床生产的零件的长度 $X\sim N(20,0.02^2)$（单位：mm）. 按照规定，这种零件的长度在区间(19.96,20.04)（单位：mm）内为合格品. 求该机床所生产零件的合格率.

解：零件的长度 X 满足 $19.96<X<20.04$ 时零件为合格品，因此所求的合格率为

$$P(19.96<X<20.04)=\Phi\left(\frac{20.04-20}{0.02}\right)-\Phi\left(\frac{19.96-20}{0.02}\right)$$
$$=\Phi(2)-\Phi(-2)=2\Phi(2)-1$$
$$=2\times 0.9772-1=0.9544$$

在概率论与数理统计的理论研究和实际应用中，正态分布起着极其重要的作用. 对于正态分布的一些重要性质，我们将在后面的章节中继续讨论.

习题 2.7

1. 设随机变量 $X\sim N(0,1)$，求：

(1) $P(0.02<X<2.33)$；

(2) $P(-1.85<X<0.44)$.

2. 设随机变量 $X\sim N(10,9)$，求：

(1) $P(7<X<16)$；

(2) 常数 α，使得 $P(X<\alpha)=0.9$；

(3) 常数 α，使得 $P(|X-\alpha|>\alpha)=0.01$.

3. 设某机器生产的螺栓的长度 X(单位：cm)服从参数为 $\mu=10.05$，$\sigma=0.06$ 的正态分布. 按照规定，这种螺栓的长度在范围 10.05 ± 0.12(单位：cm)内为合格品. 求该机器所生产螺栓的合格率.

4. 设测量某零件长度时的误差 $X\sim N(2,9)$(单位：mm)，求：

(1) 误差的绝对值小于 5mm 的概率；

(2) 测量 3 次，误差的绝对值都小于 5mm 的概率；

(3) 测量 3 次，误差的绝对值至少有 1 次小于 5mm 的概率.

5. 设一台饮料包装机所装每罐饮料的净含量 X(单位：mL)为一个随机变量，服从参数 $\mu=200$，$\sigma=15$ 的正态分布，求：

(1) 该包装机所装的饮料中每罐净含量超过 224mL 的比例；

(2) 该包装机所装每罐饮料的净含量在 191～209mL 之间的概率；

(3) 使 $P(X\leqslant\alpha)\leqslant 0.25$ 成立的最大数 α.

2.8 随机变量函数的概率分布

在实际问题中,不仅要研究随机变量,还要研究随机变量的函数.例如,某剧院每场演出售出的门票是一个随机变量,而票房的收入就是售出门票的函数.本节主要研究的问题是:如果已知随机变量 X 的概率分布,另一随机变量 $Y=g(X)$ 是 X 的函数,如何求 Y 的概率分布?下面分离散型随机变量和连续型随机变量两种情况分别进行讨论.

2.8.1 离散型随机变量函数的概率分布

设 X 为离散型随机变量,其分布律为 $P(X=x_i)=p_i(i=1,2,\cdots)$,随机变量 $Y=g(X)$,则 Y 的所有可能取值为 $y_i=g(x_i)(i=1,2,\cdots)$,从而 Y 也是离散型随机变量.注意到,当 $i\neq j$ 时,也有可能出现 $g(x_i)=g(x_j)$ 的情况,故 Y 的分布律为

$$P(Y=y_i)=\sum_{g(x_k)=y_i}P(X=x_k),\quad i=1,2,\cdots$$

需要注意的是,对于相同的函数值,概率应该相加.

例 2.8.1 设随机变量 X 具有分布律为

X	-1	0	1	2	3
p_k	$\frac{1}{12}$	$\frac{2}{12}$	$\frac{5}{12}$	$\frac{1}{4}$	$\frac{1}{12}$

求 $Y=X^2+X-3$ 的分布律.

解:由 X 的所有可能取值和函数关系 $Y=X^2+X-3$,可以得到 Y 的所有可能取值为 $-3,-1,3,9$,又有

$$P(Y=-3)=P(X=-1)+P(X=0)=\frac{1}{4}$$

$$P(Y=-1)=P(X=1)=\frac{5}{12}$$

$$P(Y=3)=P(X=2)=\frac{1}{4}$$

$$P(Y=9)=P(X=3)=\frac{1}{12}$$

故 Y 的分布律为

X	-3	-1	3	9
p_k	$\frac{1}{4}$	$\frac{5}{12}$	$\frac{1}{4}$	$\frac{1}{12}$

2.8.2 连续型随机变量函数的概率分布

设 X 为连续型随机变量,其分布函数为 $F_X(x)$,密度函数为 $f_X(x)$,又设 $Y=g(X)$是连续型随机变量.下面通过具体例子说明如何求随机变量 Y 的分布函数 $F_Y(y)$和密度函数 $f_Y(y)$.

例 2.8.2 设随机变量 X 具有密度函数

$$f_X(x)=\begin{cases}\dfrac{x}{8}, & 0<x<4\\ 0, & \text{其他}\end{cases}$$

求随机变量 $Y=2X+8$ 的密度函数.

解:设随机变量 X,Y 的分布函数分别为 $F_X(x),F_Y(y)$,则

$$F_Y(y)=P(Y\leqslant y)=P(2X+8\leqslant y)=P\left(X\leqslant\frac{y-8}{2}\right)=F_X\left(\frac{y-8}{2}\right)$$

所以,Y 的密度函数为

$$f_Y(y)=\frac{\mathrm{d}F_Y(y)}{\mathrm{d}y}=f_X\left(\frac{y-8}{2}\right)\times\frac{1}{2}=\begin{cases}\dfrac{1}{8}\left(\dfrac{y-8}{2}\right)\times\dfrac{1}{2}, & 0<\dfrac{y-8}{2}<4\\ 0, & \text{其他}\end{cases}$$

$$=\begin{cases}\dfrac{y-8}{32}, & 8<y<16\\ 0, & \text{其他}\end{cases}$$

例 2.8.3 设随机变量 $X\sim U(0,1)$,求随机变量 $Y=2X^2+1$ 的密度函数.

解:设随机变量 X,Y 的分布函数分别为 $F_X(x),F_Y(y)$. X 的取值范围为(0,1),从而 Y 的取值范围为(1,3).当 $1<y<3$ 时,Y 的分布函数为

$$F_Y(y)=P(Y\leqslant y)=P(2X^2+1\leqslant y)=P\left(-\sqrt{\frac{y-1}{2}}\leqslant X\leqslant\sqrt{\frac{y-1}{2}}\right)$$

$$=F_X\left(\sqrt{\frac{y-1}{2}}\right)-F_X\left(-\sqrt{\frac{y-1}{2}}\right)$$

由于当 $x<0$ 时，$F_X(x)=0$，因此

$$F_X\left(-\sqrt{\frac{y-1}{2}}\right)=0$$

所以，当 $1<y<3$ 时，

$$F_Y(y)=F_X\left(\sqrt{\frac{y-1}{2}}\right)$$

因“$Y\leqslant 1$”和“$Y\geqslant 3$”是不可能事件，从而有

$$f_Y(y)=\frac{\mathrm{d}F_Y(y)}{\mathrm{d}y}=f_X\left(\sqrt{\frac{y-1}{2}}\right)\times\frac{1}{2\sqrt{2}\cdot\sqrt{y-1}}=\begin{cases}\dfrac{\sqrt{2}}{4\sqrt{y-1}}, & 1<y<3\\ 0, & \text{其他}\end{cases}$$

习题 2.8

1. 设随机变量 X 具有如下分布律.

X	-2	-1	0	1	2	3
p_k	$\frac{1}{16}$	$\frac{2}{16}$	$\frac{4}{16}$	$\frac{5}{16}$	$\frac{3}{16}$	$\frac{1}{16}$

求：(1) $Y=6-X^2$ 的分布律；(2) $Z=\max\{X+2,X^2\}$的分布律.

2. 设随机变量 X 具有如下分布律.

X	-1	0	1	2
p_k	0.2	0.1	0.3	0.4

求：(1) $Y=X^2$ 的分布律；(2) $Z=X^3$ 的分布律.

3. 设随机变量 $X\sim U(0,1)$，求：

(1) $Y=aX+b$(a,b 为常数，$a\neq 0$)的密度函数；

(2) $Z=\dfrac{X}{1+X}$的密度函数.

4. 设随机变量 $X\sim N(\mu,\sigma^2)$，求 $Y=\dfrac{X-\mu}{\sigma}$的密度函数.

5. 设随机变量 X 具有密度函数

$$f(x)=\begin{cases}\dfrac{3}{2}x^2, & -1<x<1\\ 0, & \text{其他}\end{cases}$$

求：(1) $Y=|X|$的密度函数；(2) $Z=X^2$ 的密度函数.

复习题2

一、选择题

1. 常数 $b=$(　　)时，$p_k=\dfrac{b}{k(k+1)}(k=1,2,\cdots)$为某个离散型随机变量的分布律.

A. 2　　B. 1　　C. $\dfrac{1}{2}$　　D. 3

2. 设随机变量 X 的密度函数为$f(x)$，分布函数为$F(x)$，且 $f(-x)=f(x)$，则对于任意实数 a，都有(　　).

A. $F(-a)=1-\int_0^a f(x)\mathrm{d}x$　　B. $F(-a)=\dfrac{1}{2}-\int_0^a f(x)\mathrm{d}x$

C. $F(-a)=F(a)$　　D. $F(-a)=2F(a)-1$

3. 下面4个函数中可能作为某个随机变量的分布函数的是(　　).

A. $F_1(x)=\begin{cases}0, & x<0\\ 0.1, & 0\leqslant x<2\\ 0.2, & 2\leqslant x\leqslant 4\\ 1, & x>4\end{cases}$

B. $F_2(x)=\begin{cases}0, & x<-\dfrac{\pi}{2}\\ \sin x, & -\dfrac{\pi}{2}\leqslant x<0\\ 1, & x\geqslant 0\end{cases}$

C. $F_3(x)=\begin{cases}\dfrac{\ln(1+x)}{1+x}, & x>0\\ 0, & x\leqslant 0\end{cases}$

D. $F_4(x)=\begin{cases}0.5e^x, & x<0\\ 0.8, & 0\leqslant x<1\\ 1, & x\geqslant 1\end{cases}$

4. 设随机变量 $X\sim N(a,a^2)$，且 $Y=aX+b\sim N(0,1)$，则 a,b 取值为(　　).

A. $a=2,b=-2$　　B. $a=-2,b=-1$

C. $a=1,b=-1$　　D. $a=-1,b=1$

二、填空题

1. 设随机变量 X 具有密度函数 $f(x)=ke^{-\frac{x^2}{2}-x}(-\infty<x<+\infty)$，则 $k=$________.

2. 已知随机变量 X 的分布函数为 $F(x)=A+B\arctan x$，则 $A=$________，$B=$________，X 的密度函数 $f(x)=$________.

3. 设随机变量 X 具有密度函数

$$f(x)=\begin{cases}\dfrac{1}{3}, & 0\leqslant x\leqslant \dfrac{1}{2}\\ \dfrac{5}{18}, & 3\leqslant x\leqslant 6\\ 0, & \text{其他}\end{cases}$$

如果 $P(X\geqslant k)=\dfrac{5}{6}$，则 k 的取值范围是________.

4. 设随机变量 $X\sim B(3,0.4)$，且 $Y=\dfrac{X(3-X)}{2}$，则 $P(Y=1)=$________.

三、计算题

1. 将3个不同的球随机投入编号为1,2,3,4的盒子中，用 X 表示有球的盒子的最小编号，求 X 的分布律.

2. 将一颗骰子抛掷2次,以 X 表示2次抛掷中得到的较小的点数,求 X 的分布律.

3. 设有5节电池,其中2节是次品.从这5节电池中每次任取1节进行测试,直到找出2节次品或者3节正品为止,写出所需测试次数 X 的分布律.

4. 一份试卷中共有10道选择题,其中前4题每题3分,后6题每题5分.已知每道选择题都有4个答案,其中只有1个答案是正确的.如果每题都是随机选择1个答案,求:至少得10分的概率有多大?

5. 已知每天到达某炼油厂的油船艘数 $X\sim\pi(2)$,而其港口的设备一天只能为3艘油船服务,如果一天中到达的油船超过3艘,超出的油船必须转向另一个炼油厂.求:

(1) 一天中有油船需转走的概率;

(2) 增加多少设备才能使每天到达该炼油厂的油船有90%可以得到服务?

(3) 每天到达该炼油厂的油船最可能有几艘?

6. 假设某地在任何长为 t(单位:周)的时间内发生地震的次数 $N(t)$ 服从参数为 λt 的泊松分布,求:

(1) 相邻2周内至少发生3次地震的概率;

(2) 在连续8周不发生地震的情形下,未来8周中也不会发生地震的概率.

7. 设随机变量 X 的密度函数为

$$f(x)=\begin{cases}ax+b, & 0<x<1\\0, & \text{其他}\end{cases}$$

已知 $P\left(X<\frac{1}{3}\right)=P\left(X>\frac{1}{3}\right)$,求 a,b 的值.

8. 设随机变量 $X\sim U(a,b)(0<a<b)$,已知 $P(X>4)=\frac{1}{2}$,$P(3<X<4)=\frac{1}{4}$,求:

(1) X 的密度函数 $f(x)$;

(2) $P(0<X<3)$.

9. 设随机变量 $X\sim N(18,2.5^2)$,求:

(1) $P(17<X<21)$；

(2) k 的值，使得 $P(X<k)=0.2236$；

(3) k 的最大值，使得 $P(X>k)\geqslant 0.1814$.

10. 设某种电子管的使用寿命 X(单位：h)服从正态分布 $N(160,\sigma^2)$. 若要求

$$P(120\leqslant X\leqslant 200)\geqslant 0.80$$

问：允许 σ 最大为多少？

11. 设成年男子的身高 $X\sim N(170,36)$(单位：cm)，问：

(1) 如何选择公共汽车车门的高度 h，使成年男乘客与车门碰头的机会小于 0.01；

(2) 若公共汽车车门的高度为 182cm，求 100 位成年男乘客中与车门碰头的乘客不多于 2 位的概率.

12. 某学校计划招生 800 人，按考试成绩从高到低依次录取. 设考生有 3000 人，其考试成绩服从正态分布，且 600 分以上的考生有 200 人，500 分以下的考生有 2075 人，求录取分数线应为多少？

13. 设随机变量 X 的密度函数为

$$f(x)=\begin{cases}\dfrac{2x}{\pi^2}, & 0<x<\pi\\ 0, & \text{其他}\end{cases}$$

求 $Y=\sin X$ 的密度函数.

第 3 章

多维随机变量及其概率分布

第 2 章中仅限于讨论一个随机变量的情形，但是，在实际问题中，许多随机试验的结果需要同时用两个或两个以上的随机变量来描述. 例如，考察射击靶上弹着点的位置，若用 X 和 Y 分别表示每次射击靶上弹着点的横坐标和纵坐标，则 X 和 Y 均是随机变量，且靶上弹着点的位置可以表示为 (X,Y). (X,Y) 就是二维随机变量.

一般地，设随机试验 E 的样本空间为 Ω，$X=X(\omega)$，$Y=Y(\omega)$ 分别为定义在同一样本空间 Ω 上的随机变量，则称向量 (X,Y) 为二维随机变量或二维随机向量.

类似地，可以定义三维随机变量以及任意有限维随机变量. 我们将二维及二维以上的随机变量称为多维随机变量. 相应地，也将第 2 章所讨论的随机变量称为一维随机变量. 本章主要讨论二维随机变量，所得结果经过适当处理就可以推广到三维及三维以上的随机变量.

类似于一维随机变量，下面分别讨论二维离散型随机变量和二维连续型随机变量以及二维所对应的分布函数.

3.1 二维随机变量的分布

3.1.1 二维离散型随机变量

1. 二维离散型随机变量及其联合分布律

定义 3.1.1 如果二维随机变量 (X,Y) 的所有可能取值只有有限个或可列无穷多个，则称(X,Y)为二维离散型随机变量.

设二维离散型随机变量(X,Y)的所有可能取值为(X,Y)，分别各值的概率为

$$P(X=x_i,Y=y_j)=p_{ij},\quad i,j=1,2,\cdots \tag{3.1.1}$$

则称式(3.1.1)为(X,Y)的联合分布律，简称分布律，其中$X=x_i,Y=y_j$表示积事件$(X=x_i)\cap(Y=y_j)(i,j=1,2,\cdots)$.

(X,Y)的联合分布律(3.1.1)也可以表示成如下的形式：

$X\backslash Y$	y_1	y_2	$\cdots$	y_j	$\cdots$
x_1	p_{11}	p_{12}	$\cdots$	p_{1j}	$\cdots$
x_2	p_{21}	p_{22}	$\cdots$	p_{2j}	$\cdots$
$\vdots$	$\vdots$	$\vdots$		$\vdots$	
x_i	p_{i1}	p_{i2}	$\cdots$	p_{ij}	$\cdots$
$\vdots$	$\vdots$	$\vdots$		$\vdots$	

2. 联合分布律的性质

联合分布律公式(3.1.1)具有以下的性质：

(1) 非负性：对于一切$i,j=1,2,\cdots$，都有$p_{ij}\geqslant 0$；

(2) 规范性：$\sum\limits_{i=1}^{\infty}\sum\limits_{j=1}^{\infty}p_{ij}=1$；

(3) 设D为一个平面区域，则有$P[(X,Y)\in D]=\sum\limits_{(x_i,y_j)\in D}p_{ij}$.

注：可以证明，性质(1)和性质(2)是$p_{ij}(i,j=1,2,\cdots)$可以作为某个二维离散型随机变量的联合分布律的充要条件.

例3.1.1 一个袋子中有形状大小一样的6个白球和4个黑球.现从袋子中随机取2次球，每次都取1个，取后不放回，记

$$X=\begin{cases}1, & \text{第一次取到白球}\\0, & \text{第一次取到黑球}\end{cases},\quad Y=\begin{cases}1, & \text{第一次取到白球}\\0, & \text{第一次取到黑球}\end{cases}$$

求(X,Y)的联合分布律.

解：由题意可知，(X,Y)所有可能的取值为$(0,0)$，$(0,1)$，$(1,0)$，$(1,1)$，并且有

$$P(X=0,Y=0)=P(X=0)P(Y=0\mid X=0)=\frac{4}{10}\times\frac{3}{9}=\frac{2}{15}$$

$$P(X=0,Y=1)=P(X=0)P(Y=1\mid X=0)=\frac{4}{10}\times\frac{6}{9}=\frac{4}{15}$$

$$P(X=1,Y=0)=P(X=0)P(Y=0\mid X=1)=\frac{6}{10}\times\frac{3}{9}=\frac{4}{15}$$

$$P(X=1,Y=1)=P(X=1)P(Y=1\mid X=1)=\frac{6}{10}\times\frac{6}{9}=\frac{5}{15}$$

即(X,Y)的联合分布律为

$X\backslash Y$	0	1
0	$\frac{2}{15}$	$\frac{4}{15}$
1	$\frac{4}{15}$	$\frac{5}{15}$

例 3.1.2 将 3 个球随机放入 3 个盒子中,设 X,Y 分别表示放入第 1、第 2 个盒子中的球的个数,求(X,Y)的联合分布律及 $P(X\leqslant 1,Y\leqslant 2)$.

解:由题意可知,X 的所有可能取值为 0,1,2,3;Y 的所有可能取值为 0,1,2,3.因此,(X,Y)的所有可能取值为(i,j),$i,j=0,1,2,3$.易见,当 $i+j>3$ 时,

$$p_{ij}=P(X=i,Y=j)=0$$

而当 $i+j\leqslant 3$ 时,

$$\begin{aligned}p_{ij}&=P(X=i,Y=j)=P(X=i)\cdot P(Y=j\mid X=i)\\&=C_3^i\left(\frac{1}{3}\right)^i\left(\frac{2}{3}\right)^{3-i}\times C_{3-i}^j\left(\frac{1}{2}\right)^j\left(\frac{1}{2}\right)^{3-i-j}\\&=\frac{3!}{i!\,j!\,(3-i-j)!}\times\frac{1}{27}\end{aligned}$$

于是,(X,Y)的联合分布律为

$X\backslash Y$	0	1	2	3
0	$\frac{1}{27}$	$\frac{1}{9}$	$\frac{1}{9}$	$\frac{1}{27}$
1	$\frac{1}{9}$	$\frac{2}{9}$	$\frac{1}{9}$	0

续表

$X\backslash Y$	0	1	2	3
2	$\frac{1}{9}$	$\frac{1}{9}$	0	0
3	$\frac{1}{27}$	0	0	0

且有

$$P(X\leqslant 1,Y\leqslant 2)=p_{00}+p_{01}+p_{02}+p_{10}+p_{11}+p_{12}$$
$$=\frac{1}{27}+\frac{1}{9}+\frac{1}{9}+\frac{1}{9}+\frac{2}{9}+\frac{1}{9}=\frac{19}{27}$$

3.1.2 二维随机变量的联合分布函数

二维随机变量(X,Y)的概率分布及其性质不仅与X,Y有关,还依赖于X和Y之间的关系.因此,单个研究X,Y的分布及其性质是不够的,还需要将(X,Y)作为一个整体进行研究.为了研究二维随机变量的联合分布,特别是连续型随机变量的引入,本小节提出了二维随机变量联合分布函数的概念.

1. 二维随机变量的联合分布函数

定义 3.1.2 设(X,Y)是二维随机变量,x,y为任意实数,则称二元函数

$$F(x,y)=P(X\leqslant x)\cap P(Y\leqslant y)=P(X\leqslant x,Y\leqslant y) \tag{3.1.2}$$

为(X,Y)的联合分布函数.

联合分布函数的几何意义:如果把(X,Y)看成平面上随机点的坐标,那么联合分布函数$F(x,y)$在点(x,y)处的函数值就是随机点(X,Y)落入以点(x,y)为右上角顶点而位于该点左下方的无穷矩形区域(图3-1-1)中的概率.

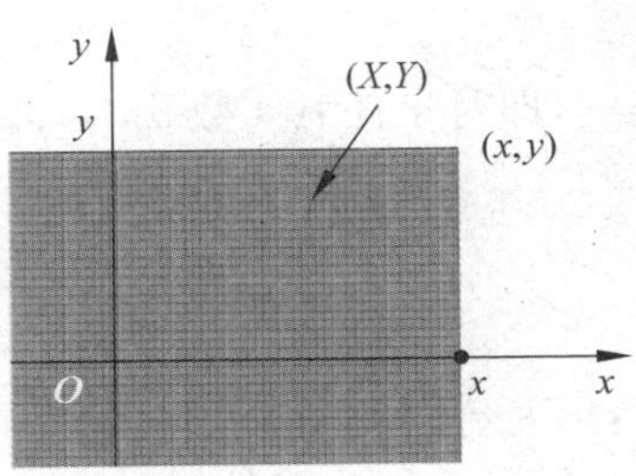

图 3-1-1

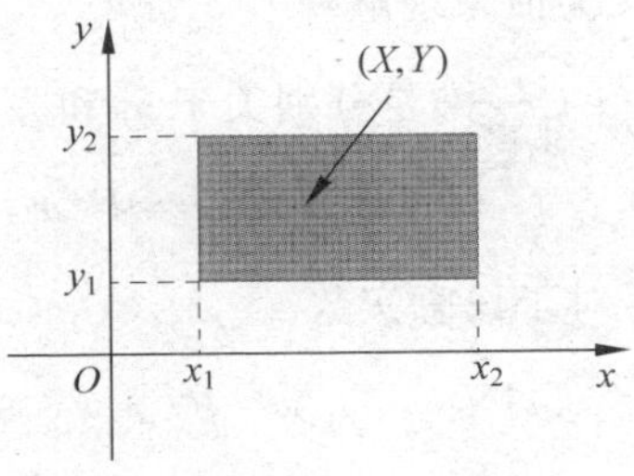

图 3-1-2

利用上述几何意义可得，随机点(x,y)落入矩形区域(图 3-1-2)

$$\{(x,y)\mid x_1<X\leqslant x_2,y_1<Y\leqslant y_2\}$$

并且此区域的概率为

$$P(x_1<X\leqslant x_2,y_1<Y\leqslant y_2)=F(x_2,y_2)-F(x_2,y_1)-F(x_1,y_2)+F(x_1,y_1) \tag{3.1.3}$$

显然，对于具有联合分布律公式(3.1.1)的二维离散型随机变量(X,Y)，其联合分布函数为

$$F(x,y)=P(X\leqslant x,Y\leqslant y)=\sum_{x_i\leqslant x}\sum_{y_j\leqslant y}p_{ij}$$

2. 联合分布函数的性质

联合分布函数 $F(x,y)$具有以下 4 个性质.

(1) $F(x,y)$是关于 x 和 y 的单调不减函数.

证明：对于任意实数 $x_1,x_2(x_1<x_2),y$，由于$(X\leqslant x_1,Y\leqslant y)\subseteq(X\leqslant x_2,Y\leqslant y)$，因此有

$$P(X\leqslant x_1,Y\leqslant y)\leqslant P(X\leqslant x_2,Y\leqslant y)$$

即

$$F(x_1,y)\leqslant F(x_2,y)$$

同理，对于任意实数 $x,y_1,y_2(y_1<y_2)$，都有

$$F(x,y_1)\leqslant F(x,y_2)$$

(2) 对于任意实数 x,y，都有 $0\leqslant F(x,y)\leqslant 1$，且 $F(x,-\infty)=0,F(-\infty,y)=0,F(-\infty,-\infty)=0,F(+\infty,+\infty)=1$，其中 $F(-\infty,y)=\lim\limits_{x\to-\infty}F(x,y)$，其余式子的意义类似来理解.

(3) $F(x,y)$是分别关于 x 和关于 y 右连续，即对于任意实数 x,y，都有

$$F(x+0,y)=F(x,y),\quad F(x,y+0)=F(x,y)$$

(4) 对于任意实数 $x_1,x_2(x_1<x_2),y_1,y_2(y_1<y_2)$，都有

$$F(x_2,y_2)-F(x_2,y_1)-F(x_1,y_2)+F(x_1,y_1)\geqslant 0$$

例 3.1.3 设(X,Y)的联合分布函数为 $F(x,y)=A\left(B+\arctan\dfrac{x}{2}\right)$

$\left(C+\arctan\frac{y}{3}\right)$，其中$-\infty<x,y<+\infty$，求：

（1）待定常数A,B,C的值；

（2）计算概率$P(0<X\leqslant 1,Y\leqslant 0)$.

解：

（1）根据联合分布函数的性质（2）确定待定常数：

$$F(x,-\infty)=0\Leftrightarrow \lim_{y\to-\infty}F(x,y)=A\left(B+\arctan\frac{x}{2}\right)\left(C+\arctan\frac{-\infty}{3}\right)$$

$$=A\left(B+\arctan\frac{x}{2}\right)\left(C-\frac{\pi}{2}\right)=0$$

$$F(-\infty,y)=0\Leftrightarrow \lim_{x\to-\infty}F(x,y)=A\left(B+\arctan\frac{-\infty}{2}\right)\left(C+\arctan\frac{y}{3}\right)$$

$$=A\left(B-\frac{\pi}{2}\right)\left(C+\arctan\frac{y}{3}\right)=0$$

$$F(-\infty,-\infty)=0\Leftrightarrow \lim_{x\to-\infty}\lim_{y\to-\infty}F(x,y)=A\left(B+\arctan\frac{-\infty}{2}\right)\left(C+\arctan\frac{-\infty}{3}\right)$$

$$=A\left(B-\frac{\pi}{2}\right)\left(C-\frac{\pi}{2}\right)=0$$

$$F(+\infty,+\infty)=1\Leftrightarrow \lim_{x\to+\infty}\lim_{y\to+\infty}F(x,y)=A\left(B+\arctan\frac{+\infty}{2}\right)\left(C+\arctan\frac{+\infty}{3}\right)$$

$$=A\left(B+\frac{\pi}{2}\right)\left(C+\frac{\pi}{2}\right)=1$$

根据上面的4个方程可以得到$A=\frac{1}{\pi^2},B=C=\frac{\pi}{2}$.

（2）由（1）可知，(X,Y)联合分布函数为

$$F(x,y)=\frac{1}{\pi^2}\left(\frac{\pi}{2}+\arctan\frac{x}{2}\right)\left(\frac{\pi}{2}+\arctan\frac{y}{3}\right)$$

根据联合分布函数的计算概率公式(3.1.2)可知

$$\begin{aligned}P(0<X\leqslant 1,Y\leqslant 0)&=P(0<X\leqslant 1,-\infty<Y\leqslant 0)\\&=F(1,0)-F(1,-\infty)-F(0,0)+F(0,-\infty)\\&=\frac{1}{\pi^2}\left(\frac{\pi}{2}+\frac{\pi}{4}\right)\left(\frac{\pi}{2}+0\right)-0-\frac{1}{\pi^2}\left(\frac{\pi}{2}+0\right)\left(\frac{\pi}{2}+0\right)+0\\&=\frac{1}{8}\end{aligned}$$

3.1.3 二维连续型随机变量

1. 二维连续型随机变量及其联合密度函数

与一维连续型随机变量的定义类似，我们同样利用联合分布函数引入二维连续型随机变量的概念.

定义 3.1.3 对于二维随机变量(X,Y)的联合分布函数$F(x,y)$，如果存在非负可积函数$f(x,y)$，使得对于任意实数x,y，都有

$$F(x,y)=\int_{-\infty}^{x}\int_{-\infty}^{y}f(u,v)\mathrm{d}v\mathrm{d}u \tag{3.1.4}$$

则称(X,Y)为二维连续型随机变量，并称$f(x,y)$为(X,Y)的联合概率密度函数，简称联合密度函数或联合概率密度.

2. 联合密度函数的性质

联合密度函数$f(x,y)$公式(3.1.4)具有以下4个性质：

(1) 非负性：对于任意实数x,y，都有$f(x,y)\geqslant 0$；

(2) 规范性：$\int_{-\infty}^{+\infty}\int_{-\infty}^{+\infty}f(x,y)\mathrm{d}x\mathrm{d}y=1$；

(3) 对于任意一个区域D，都有$P((X,Y)\in D)=\iint\limits_{D}f(x,y)\mathrm{d}x\mathrm{d}y$；

(4) 在联合密度函数$f(x,y)$的连续点(x,y)处，有$f(x,y)=\dfrac{\partial^2 F(x,y)}{\partial x\partial y}$.

其中，$F(x,y)$为(X,Y)的联合分布函数. 也就是说，联合密度函数就是联合分布函数的二阶混合偏导数.

注：可以证明，性质(1)和性质(2)是函数可以作为某个二维随机变量的联合密度函数的充要条件.

例 3.1.4 设二维随机变量(X,Y)具有联合密度函数

$$f(x,y)=\begin{cases}k(6-x-y), & 0<x<2,2<y<4\\ 0, & \text{其他}\end{cases}$$

求：(1) k的值；(2) (X,Y)的联合分布函数$F(x,y)$；(3) $P(X+Y\leqslant 4)$.

解：

(1) 由于$\int_{-\infty}^{+\infty}\int_{-\infty}^{+\infty}f(x,y)\mathrm{d}x\mathrm{d}y=1$，因此

$$1=\int_{-\infty}^{+\infty}\int_{-\infty}^{+\infty}f(x,y)\mathrm{d}x\mathrm{d}y=\int_0^2\mathrm{d}x\int_2^4 k(6-x-y)\mathrm{d}y=8k$$

即 $k=\dfrac{1}{8}$.

(2) 由(1)知，(X,Y)的联合密度函数为

$$f(x,y)=\begin{cases}\dfrac{1}{8}(6-x-y), & 0<x<2,2<y<4\\ 0, & \text{其他}\end{cases}$$

因此，(X,Y)的联合分布函数为

$$F(x,y)=\int_{-\infty}^{x}\int_{-\infty}^{y}f(u,v)\mathrm{d}v\mathrm{d}u$$

$$=\begin{cases}0, & x\leqslant 0 \text{ 或 } y\leqslant 2\\ \displaystyle\int_0^x\mathrm{d}u\int_2^y\frac{1}{8}(6-u-v)\mathrm{d}v, & 0<x<2,2<y<4\\ \displaystyle\int_0^x\mathrm{d}u\int_2^4\frac{1}{8}(6-u-v)\mathrm{d}v, & 0<x<2,y\geqslant 4\\ \displaystyle\int_0^2\mathrm{d}u\int_2^y\frac{1}{8}(6-u-v)\mathrm{d}v, & x\geqslant 2,2<y<4\\ 1, & x\geqslant 2,y\geqslant 4\end{cases}$$

$$=\begin{cases}0, & x\leqslant 0 \text{ 或 } y\leqslant 2\\ \dfrac{1}{8}\left(6xy-\dfrac{1}{2}x^2y-\dfrac{1}{2}xy^2-10x+x^2\right), & 0<x<2,2<y<4\\ \dfrac{1}{8}(6x-x^2), & 0<x<2,y\geqslant 4\\ \dfrac{1}{8}(-16+10y-y^2), & x\geqslant 2,2<y<4\\ 1, & x\geqslant 2,y\geqslant 4\end{cases}$$

(3) 所求概率为

$$P(X+Y\leqslant 4)=P[(X,Y)\in D]=\iint_D f(x,y)\mathrm{d}x\mathrm{d}y$$

$$=\iint\limits_{G}\frac{1}{8}(6-x-y)\mathrm{d}x\mathrm{d}y=\int_{0}^{2}\mathrm{d}x\int_{2}^{4-x}\frac{1}{8}(6-x-y)\mathrm{d}y=\frac{2}{3}$$

其中，

$$D=\{(x,y)\mid x+y\leqslant 4\}$$

$$G=\{(x,y)\mid 0<x<2,2<y\leqslant 4-x\}$$

3. 两个常用的二维连续型分布

（1）二维均匀分布

设D是平面上一个有界区域，其面积为A. 如果二维随机变量(X,Y)的联合密度函数为

$$f(x,y)=\begin{cases}\dfrac{1}{A}, & (x,y)\in D\\ 0, & 其他\end{cases}$$

则称(X,Y)服从区域D上的均匀分布.

从一维的均匀分布也可得出类似结论：若(X,Y)服从区域D上的均匀分布，则对于D中任一子区域G(其中将区域G的面积表示为$S(G)$)有

$$P\{(X,Y)\in D\}=\iint\limits_{D}f(x,y)\mathrm{d}x\mathrm{d}y=\iint\limits_{D}\frac{1}{A}\mathrm{d}x\mathrm{d}y=\frac{S(G)}{A}$$

（2）二维正态分布

如果二维随机变量(X,Y)具有联合密度函数

$$f(x,y)=\frac{1}{2\pi\sigma_1\sigma_2\sqrt{1-\rho^2}}\mathrm{e}^{-\frac{1}{2(1-\rho^2)}\left[\frac{(x-\mu_1)^2}{\sigma_1^2}-2\rho\frac{(x-\mu_1)(y-\mu_2)}{\sigma_1\sigma_2}+\frac{(y-\mu_2)^2}{\sigma_2^2}\right]},\quad -\infty<x,y<+\infty$$

其中，$\mu_1,\mu_2,\sigma_1,\sigma_2,\rho$都是常数，且$\sigma_1>0,\sigma_2>0,|\rho|<1$，则称服从参数为$\mu_1,\mu_2,\sigma_1,\sigma_2,\rho$的二维正态分布，记为

$$(X,Y)\sim N(\mu_1,\mu_2,\sigma_1^2,\sigma_2^2,\rho)$$

二维正态分布很重要，后面章节会持续提到，读者应熟记符号与参数.

习题 3.1

1. 一个盒子中有5件产品，其中2件为次品，3件为正品. 现从该盒子中随机取2次产品，每次只取1件，记

$$X=\begin{cases}1, & \text{第一次取到白球}\\0, & \text{第一次取到黑球}\end{cases},\quad Y=\begin{cases}1, & \text{第一次取到白球}\\0, & \text{第一次取到黑球}\end{cases}$$

在下列两种抽取方式下，求(X,Y)的联合分布律.

(1) 有放回抽取；(2) 无放回抽取.

2. 设 X 表示在1,2,3,4中随机取一个数，随机变量 Y 是在 $1\sim X$ 中随机取到的一个整数，求(X,Y)的联合分布律.

3. 设(X,Y)的联合分布律如下.

$X\backslash Y$	0	1	2
0	0.18	0.12	0.20
1	0.30	α	0.06

求：(1) α 的值；(2) $P(X\leqslant 1,Y\leqslant 1)$；(3) $P(X<1,Y\leqslant 1)$.

4. 甲、乙两人各进行2次射击，以 X 和 Y 分别表示甲和乙的命中次数. 设甲的命中率为0.3，乙的命中率为0.5，求(X,Y)的联合分布律.

5. 设二维随机变量(X,Y)具有联合密度函数

$$f(x,y)=\begin{cases}k\mathrm{e}^{-(3x+2y)}, & x>0,y>0\\0, & \text{其他}\end{cases}$$

求：(1) k 的值；(2) (X,Y)的联合分布函数 $F(x,y)$；(3) $P(3X+2Y\geqslant 6)$.

3.2 边缘分布

二维随机变量(X,Y)作为一个整体，通过联合分布进行刻画，而 X 和 Y 都是一维随机变量，各有自己的分布，称为边缘分布. 借此展开讨论二维离散型随机变量(X,Y)关于 X 和关于 Y 的边缘分布律，以及二维连续型随机变量(X,Y)关于 X 和关于 Y 的边缘密度函数.

3.2.1 边缘分布函数

定义 3.2.1 设(X,Y)为二维随机变量，X 和 Y 的分布函数分别为 $F_X(x)$和

$F_Y(y)$，则称它们为关于 X 和关于 Y 的边缘分布函数.

边缘分布函数与联合分布函数之间有以下的关系：

$$F_X(x)=P\{X\leqslant x\}=P\{X\leqslant x,Y<+\infty\}=F(x,+\infty)=\lim_{y\to+\infty}F(x,y)$$

$$F_Y(y)=P\{Y\leqslant y\}=P\{X<+\infty,Y\leqslant y\}=F(+\infty,y)=\lim_{x\to+\infty}F(x,y)$$

其中，$F_X(x)$ 和 $F_Y(y)$ 分别是随机变量 (X,Y) 关于 X 和 Y 的边缘分布函数，$F(x,y)$ 是 (X,Y) 的联合分布函数.

例 3.2.1 设二维随机变量 (X,Y) 的联合分布函数为

$$F(x,y)=\frac{1}{\pi^2}\left(\frac{\pi}{2}+\arctan\frac{x}{2}\right)\left(\frac{\pi}{2}+\arctan\frac{y}{3}\right),\quad -\infty<x,y<+\infty$$

求 (X,Y) 分别关于 X 和 Y 的边缘分布函数.

解：根据边缘分布函数与联合分布函数的关系，可得 (X,Y) 关于 X 和 Y 的边缘分布函数为

$$F_X(x)=F(x,+\infty)=\lim_{y\to+\infty}F(x,y)=\lim_{y\to+\infty}\frac{1}{\pi^2}\left(\frac{\pi}{2}+\arctan\frac{x}{2}\right)\left(\frac{\pi}{2}+\arctan\frac{y}{3}\right)$$

$$=\frac{1}{\pi}\left(\frac{\pi}{2}+\arctan\frac{x}{2}\right),\quad -\infty<x<+\infty$$

$$F_Y(y)=F(+\infty,y)=\lim_{x\to+\infty}F(x,y)=\lim_{x\to+\infty}\frac{1}{\pi^2}\left(\frac{\pi}{2}+\arctan\frac{x}{2}\right)\left(\frac{\pi}{2}+\arctan\frac{y}{3}\right)$$

$$=\frac{1}{\pi}\left(\frac{\pi}{2}+\arctan\frac{y}{3}\right),\quad -\infty<y<+\infty$$

3.2.2 边缘分布律

设二维随机变量 (X,Y) 的联合分布律为

$$P\{X=x_i,Y=y_j\}=p_{ij},\quad i,j=1,2,\cdots$$

利用边缘分布函数与联合分布函数的关系，可得二维离散型随机变量 (X,Y) 关于 X 和 Y 的边缘分布函数分别为

$$F_X(x)=F(x,+\infty)=\lim_{y\to+\infty}F(x,y)=\lim_{y\to+\infty}\sum_{x_i\leqslant x}\sum_{y_j\leqslant y}p_{ij}=\sum_{x_i\leqslant x}\left(\sum_{j=1}^{\infty}p_{ij}\right)$$

$$F_Y(y)=F(+\infty,y)=\lim_{x\to+\infty}F(x,y)=\lim_{x\to+\infty}\sum_{x_i\leqslant x}\sum_{y_j\leqslant y}p_{ij}=\sum_{y_j\leqslant y}\left(\sum_{i=1}^{\infty}p_{ij}\right)$$

与一维离散型随机变量的分布函数进行比较，可得

$$P\{X=x_i\}=\sum_{j=1}^{\infty}p_{ij}\xrightarrow{\text{记作}}p_{i\cdot},\quad i=1,2,\cdots$$

$$P\{Y=y_j\}=\sum_{i=1}^{\infty}p_{ij}\xrightarrow{\text{记作}}p_{\cdot j},\quad j=1,2,\cdots$$

定义 3.2.2 设(X,Y)为二维离散型随机变量，X 和 Y 的分布律分别为

$$P\{X=x_i\}=p_{i\cdot},\quad i=1,2,\cdots \quad \text{和} \quad P\{Y=y_j\}=p_{\cdot j},\quad j=1,2,\cdots$$

则称它们为二维离散型随机变量(X,Y)分别关于 X 和 Y 的边缘分布律.

例 3.2.2 求例 3.1.1 中二维离散型随机变量(X,Y)分别关于 X 和 Y 的边缘分布律.

解：由于(X,Y)的联合分布律为

$X\backslash Y$	0	1
0	$\frac{2}{15}$	$\frac{4}{15}$
1	$\frac{4}{15}$	$\frac{5}{15}$

因此

$$P(X=0)=P(X=0,Y=0)+P(X=0,Y=1)=\frac{2}{15}+\frac{4}{15}=\frac{2}{5}$$

$$P(X=1)=P(X=1,Y=0)+P(X=1,Y=1)=\frac{4}{15}+\frac{5}{15}=\frac{3}{5}$$

即(X,Y)关于 X 的边缘分布律为

X	0	1
$p_{i\cdot}$	$\frac{2}{5}$	$\frac{3}{5}$

同理可得

$$P(Y=0)=P(X=0,Y=0)+P(X=1,Y=0)=\frac{2}{15}+\frac{4}{15}=\frac{2}{5}$$

$$P(Y=1)=P(X=0,Y=1)+P(X=1,Y=1)=\frac{4}{15}+\frac{5}{15}=\frac{3}{5}$$

即(X,Y)关于 Y 的边缘分布律为

Y	0	1
$p_{\cdot j}$	$\frac{2}{5}$	$\frac{3}{5}$

3.2.3 边缘密度函数

由边缘分布函数的定义可知，二维连续型随机变量(X,Y)关于 X 的边缘分布函数为

$$F_X(x)=F(x,+\infty)=\lim_{y\to+\infty}F(x,y)=\lim_{y\to+\infty}\int_{-\infty}^{x}\int_{-\infty}^{y}f(u,v)\mathrm{d}u\mathrm{d}v$$
$$=\int_{-\infty}^{x}\left[\int_{-\infty}^{+\infty}f(u,v)\mathrm{d}v\right]\mathrm{d}u$$

与一维连续型随机变量的定义比较可知，X 密度函数为 $f_X(x)=\int_{-\infty}^{+\infty}f(x,y)\mathrm{d}y$.

同理可得，Y 的密度函数为 $f_Y(y)=\int_{-\infty}^{+\infty}f(x,y)\mathrm{d}x$.

定义 3.2.3 设(X,Y)为二维连续型随机变量，X 和 Y 的密度函数分别为

$$f_X(x)=\int_{-\infty}^{+\infty}f(x,y)\mathrm{d}y \quad 和 \quad f_Y(y)=\int_{-\infty}^{+\infty}f(x,y)\mathrm{d}x$$

则称它们为二维连续型随机变量(X,Y)分别关于 X 和 Y 的边缘密度函数.

例 3.2.3 设二维随机变量(X,Y)的联合密度函数为

$$f(x,y)=\begin{cases}4.8y(2-x), & 0\leqslant x\leqslant 1,0\leqslant y\leqslant x\\ 0, & 其他\end{cases}$$

求(X,Y)分别关于 X 和 Y 的边缘密度函数.

解：由于 $f(x,y)$非零的区域为

$$D=\{0\leqslant x\leqslant 1,0\leqslant y\leqslant x\}$$

因此，(X,Y)关于 X 的边缘密度函数为

$$f_X(x)=\int_{-\infty}^{+\infty}f(x,y)\mathrm{d}y=\begin{cases}\int_{0}^{x}f(x,y)\mathrm{d}y, & 0\leqslant x\leqslant 1\\ 0, & 其他\end{cases}$$

$$=\begin{cases}\int_0^x 4.8y(2-x)\mathrm{d}y, & 0\leqslant x\leqslant 1\\ 0, & \text{其他}\end{cases}$$

$$=\begin{cases}2.4x^2(2-x), & 0\leqslant x\leqslant 1\\ 0, & \text{其他}\end{cases}$$

同理可得,(X,Y)关于 Y 的边缘密度函数为

$$f_Y(y)=\int_{-\infty}^{+\infty}f(x,y)\mathrm{d}x=\begin{cases}\int_y^1 f(x,y)\mathrm{d}x, & 0\leqslant y\leqslant 1\\ 0, & \text{其他}\end{cases}$$

$$=\begin{cases}\int_y^1 4.8y(2-x)\mathrm{d}x, & 0\leqslant y\leqslant 1\\ 0, & \text{其他}\end{cases}$$

$$=\begin{cases}2.4y(3-4y+y^2), & 0\leqslant y\leqslant 1\\ 0, & \text{其他}\end{cases}$$

例 3.2.4 设二维随机变量(X,Y)服从圆域$\{(x,y)\mid x^2+y^2\leqslant 1\}$上的均匀分布,求$(X,Y)$分别关于 X 和 Y 的边缘密度函数.

解:由题意可知,(X,Y)的联合密度函数为

$$f(x,y)=\begin{cases}\dfrac{1}{\pi}, & x^2+y^2\leqslant 1\\ 0, & \text{其他}\end{cases}$$

由于 $f(x,y)$非零的区域为

$$D=\{(x,y)\mid x^2+y^2\leqslant 1\}$$

因此,(X,Y)关于 X 的边缘密度函数为

$$f_X(x)=\int_{-\infty}^{+\infty}f(x,y)\mathrm{d}y=\begin{cases}\int_{-\sqrt{1-x^2}}^{\sqrt{1-x^2}}\dfrac{1}{\pi}\mathrm{d}y, & |x|\leqslant 1\\ 0, & \text{其他}\end{cases}=\begin{cases}\dfrac{2}{\pi}\sqrt{1-x^2}, & |x|\leqslant 1\\ 0, & \text{其他}\end{cases}$$

同理可得,(X,Y)关于 Y 的边缘密度函数为

$$f_Y(y)=\int_{-\infty}^{+\infty}f(x,y)\mathrm{d}x=\begin{cases}\dfrac{2}{\pi}\sqrt{1-y^2}, & |y|\leqslant 1\\ 0, & \text{其他}\end{cases}$$

可以验证，若二维随机变量$(X,Y)\sim N(\mu_1,\mu_2,\sigma_1^2,\sigma_2^2,\rho)$，则$(X,Y)$关于$X$的边缘分布为$X\sim N(\mu_1,\sigma_1^2)$，关于$Y$的边缘分布为$Y\sim N(\mu_2,\sigma_2^2)$，并且都不依赖参数$\rho$. 由二维正态分布的定义可知，对于给定的参数$\mu_1,\mu_2,\sigma_1^2,\sigma_2^2$，不同的参数$\rho$对应不同的二维正态分布，但是，它们的边缘分布都是一样的. 这表明，联合分布可以确定边缘分布，而边缘分布不能确定联合分布. 这一结论对二维离散型分布也成立.

习题 3.2

1. 设二维随机变量(X,Y)的联合分布函数为

$$F(x,y)=\begin{cases}(1-e^{-2x})(1-e^{-y}), & x>0,y>0\\ 0, & \text{其他}\end{cases}$$

求(X,Y)分别关于X和关于Y的边缘分布函数.

2. 设二维离散型随机变量(X,Y)的联合分布律如下.

$X\backslash Y$	1	2	3	4
1	$\frac{1}{4}$	$\frac{1}{8}$	$\frac{1}{12}$	$\frac{1}{16}$
2	0	$\frac{1}{8}$	$\frac{1}{12}$	$\frac{1}{16}$
3	0	0	$\frac{1}{12}$	$\frac{1}{16}$
4	0	0	0	$\frac{1}{16}$

求(X,Y)分别关于X和关于Y的边缘分布律.

3. 设二维离散型随机变量(X,Y)的联合分布律如下.

$X\backslash Y$	0	1	2
0	0.18	0.12	0.20
1	0.30	0.14	0.06

求(X,Y)分别关于X和关于Y的边缘分布律.

4. 设二维离散型随机变量(X,Y)的所有可能取值为$(0,0)$，$(-1,1)$，$\left(-1,\frac{1}{3}\right)$，$(2,0)$，$\left(2,\frac{1}{3}\right)$，相应的概率为$\frac{1}{6}$，$\frac{1}{3}$，$\frac{1}{12}$，$\frac{1}{4}$，$\frac{1}{6}$.

(1) 试列表表示(X,Y)联合分布律；

(2) 求(X,Y)关于X和关于Y的边缘分布律.

5. 设二维连续型随机变量(X,Y)的联合密度函数为

$$f(x,y)=\begin{cases}6, & 0\leqslant x\leqslant 1, x^2\leqslant y\leqslant x\\ 0, & \text{其他}\end{cases}$$

求(X,Y)分别关于X和关于Y的边缘密度函数.

6. 设二维连续型随机变量(X,Y)的联合密度函数为

$$f(x,y)=\begin{cases}kx^2y, & |x|\leqslant 1, x^2\leqslant y\leqslant 1\\ 0, & \text{其他}\end{cases}$$

求：(1) k的值；(2) (X,Y)分别关于X和关于Y的边缘密度函数.

7. 设二维连续型随机变量(X,Y)的联合密度函数为

$$f(x,y)=\begin{cases}\mathrm{e}^{-x}, & 0<x<1, 0<y<x\\ 0, & \text{其他}\end{cases}$$

求(X,Y)分别关于X和关于Y的边缘密度函数.

3.3 随机变量的独立性

随机变量的独立性是一个非常重要的概念，它是随机事件独立性的推广.

定义3.3.1 设二维随机变量(X,Y)的联合分布函数为$F(x,y)$，关于X和关于Y的边缘分布函数分别为$F_X(x)$和$F_Y(y)$，如果对于任意的实数x，y，都有

$$P\{X\leqslant x, Y\leqslant y\}=P\{X\leqslant x\}\times P\{Y\leqslant y\} \tag{3.3.1}$$

即

$$F(x,y)=F_X(x)F_Y(y)$$

则称随机变量X与Y相互独立.

设(X,Y)是二维连续型随机变量,$f(x,y)$,$f_X(x)$,$f_Y(y)$分别为联合密度函数以及关于X和Y的边缘密度函数,则随机变量X与Y相互独立的条件为

$$f(x,y)=f_X(x)f_Y(y)$$

在xOy平面上几乎处处成立.

设(X,Y)是二维离散型随机变量,其联合分布律为

$$P\{X=x_i,Y=y_j\}=p_{ij},\quad i,j=1,2,\cdots$$

关于X和Y的边缘分布律分别为

$$P\{X=x_i\}=p_{i\cdot},\quad i=1,2,\cdots\quad 和\quad P\{Y=y_j\}=p_{\cdot j},\quad j=1,2,\cdots$$

则随机变量X与Y相互独立的条件(3.3.1)等价于

$$P\{X=x_i,Y=y_j\}=P\{X=x_i\}\times P\{Y=y_j\},\quad i,j=1,2,\cdots$$

即

$$p_{ij}=p_{i\cdot}\times p_{\cdot j},\quad i,j=1,2,\cdots$$

例 3.3.1 设二维随机变量(X,Y)的联合分布函数为

$$F(x,y)=\frac{1}{\pi^2}\left(\frac{\pi}{2}+\arctan\frac{x}{2}\right)\left(\frac{\pi}{2}+\arctan\frac{y}{3}\right),\quad -\infty<x,y<+\infty$$

判断随机变量X与Y是否独立,请说明理由.

解:首先需要求出X和Y的边缘分布函数.根据例3.2.1可知

$$F_X(x)=F(x,+\infty)=\frac{1}{\pi}\left(\frac{\pi}{2}+\arctan\frac{x}{2}\right),\quad -\infty<x<+\infty$$

$$F_Y(y)=\frac{1}{\pi}\left(\frac{\pi}{2}+\arctan\frac{y}{3}\right),\quad -\infty<y<+\infty$$

可见,对于任意的实数x,y,都有

$$F(x,y)=F_X(x)F_Y(y)$$

因此,X与Y相互独立.

例 3.3.2 设二维连续型随机变量(X,Y)具有联合密度函数

$$f(x,y)=\begin{cases}6e^{-(3x+2y)}, & x>0,y>0\\ 0, & 其他\end{cases}$$

(1) 求(X,Y)分别关于X和Y的边缘密度函数.

(2) 判断随机变量X与Y是否独立,请说明理由.

解：

（1）(X,Y)关于 X 的边缘密度函数为

$$f_X(x)=\int_{-\infty}^{+\infty}f(x,y)\mathrm{d}y=\begin{cases}\int_0^{+\infty}6\mathrm{e}^{-(3x+2y)}\mathrm{d}y, & x>0\\ 0, & \text{其他}\end{cases}=\begin{cases}3\mathrm{e}^{-3x}, & x>0\\ 0, & \text{其他}\end{cases}$$

同理可得，(X,Y)关于 Y 的边缘密度函数为

$$f_Y(y)=\int_{-\infty}^{+\infty}f(x,y)\mathrm{d}x=\begin{cases}\int_0^{+\infty}6\mathrm{e}^{-(3x+2y)}\mathrm{d}x, & y>0\\ 0, & \text{其他}\end{cases}=\begin{cases}2\mathrm{e}^{-2y}, & y>0\\ 0, & \text{其他}\end{cases}$$

（2）由（1）的结果易见，对于任意的实数 x,y，都有

$$f(x,y)=f_X(x)f_Y(y)$$

因此，X 与 Y 相互独立.

例 3.3.3 设二维离散型随机变量(X,Y)的联合分布律如下.

X\Y	1	2	3
0	$\frac{1}{6}$	$\frac{1}{9}$	$\frac{1}{18}$
1	$\frac{1}{3}$	α	β

问：α,β 取何值时，随机变量 X 与 Y 相互独立？

解：首先需要求出二维离散型随机变量(X,Y)分别关于 X 和关于 Y 的边缘分布律，易得

X	0	1
$p_{i\cdot}$	$\frac{1}{3}$	$\frac{1}{3}+\alpha+\beta$

Y	1	2	3
$p_{\cdot j}$	$\frac{1}{2}$	$\frac{1}{9}+\alpha$	$\frac{1}{18}+\beta$

因此，要使得随机变量 X 与 Y 相互独立，需要满足

$$p_{ij}=p_{i\cdot}\times p_{\cdot j},\quad i=0,1,j=1,2,3$$

选择两个简单的方程组

$$\begin{cases}P(X=0,Y=2)=P(X=0)P(Y=2)\\P(X=0,Y=3)=P(X=0)P(Y=3)\end{cases}$$

即

$$\begin{cases}\dfrac{1}{3}\left(\dfrac{1}{9}+\alpha\right)=\dfrac{1}{9}\\\dfrac{1}{3}\left(\dfrac{1}{18}+\beta\right)=\dfrac{1}{18}\end{cases}$$

解此方程组,可得

$$\alpha=\frac{2}{9},\quad \beta=\frac{1}{9}$$

可以验证,当 $\alpha=\dfrac{2}{9},\beta=\dfrac{1}{9}$ 时,X 与 Y 相互独立.

例 3.3.4 设二维连续型随机变量(X,Y)具有联合密度函数

$$f(x,y)=\begin{cases}kxy^2, & 0<x<1,0<y<1\\0, & 其他\end{cases}$$

求 k 的值,并证明 X 与 Y 是否独立.

解:由于$\int_{-\infty}^{+\infty}\int_{-\infty}^{+\infty}f(x,y)\mathrm{d}x\mathrm{d}y=1$,因此

$$1=\int_{-\infty}^{+\infty}\int_{-\infty}^{+\infty}f(x,y)\mathrm{d}x\mathrm{d}y=\int_0^1\mathrm{d}x\int_0^1 kxy^2\mathrm{d}y=\frac{k}{6}$$

即 $k=6$.

由于(X,Y)的联合密度函数为

$$f(x,y)=\begin{cases}6xy^2, & 0<x<1,0<y<1\\0, & 其他\end{cases}$$

因此,(X,Y)关于 X 和关于 Y 的边缘密度函数分别为

$$f_X(x)=\int_{-\infty}^{+\infty}f(x,y)\mathrm{d}y=\begin{cases}\int_0^1 6xy^2\mathrm{d}y, & 0<x<1\\0, & 其他\end{cases}=\begin{cases}2x, & 0<x<1\\0, & 其他\end{cases}$$

$$f_Y(y)=\int_{-\infty}^{+\infty}f(x,y)\mathrm{d}x=\begin{cases}\int_0^1 6xy^2\mathrm{d}x, & 0<y<1\\0, & 其他\end{cases}=\begin{cases}3y^2, & 0<y<1\\0, & 其他\end{cases}$$

于是，对于任意的实数 x,y，都有

$$f(x,y)=f_X(x)f_Y(y)$$

因此 X 与 Y 相互独立.

例 3.3.5 设二维连续型随机变量 $(X,Y)\sim N(\mu_1,\mu_2,\sigma_1^2,\sigma_2^2,\rho)$，证明：随机变量 X 与 Y 相互独立的充要条件为 $\rho=0$.

证明：由于 $(X,Y)\sim N(\mu_1,\mu_2,\sigma_1^2,\sigma_2^2,\rho)$，因此 (X,Y) 关于 X 和关于 Y 的边缘分布分别为 $N(\mu_1,\sigma_1^2)$ 和 $N(\mu_2,\sigma_2^2)$，即 (X,Y) 关于 X 和关于 Y 的边缘密度函数分别为

$$f_X(x)=\frac{1}{\sqrt{2\pi}\sigma_1}\mathrm{e}^{-\frac{(x-\mu_1)^2}{2\sigma_1^2}},\quad -\infty<x<+\infty$$

$$f_Y(y)=\frac{1}{\sqrt{2\pi}\sigma_2}\mathrm{e}^{-\frac{(y-\mu_2)^2}{2\sigma_2^2}},\quad -\infty<y<+\infty$$

必要性：设 X 与 Y 相互独立，则

$$f(x,y)=f_X(x)f_Y(y)$$

在 xOy 平面上几乎处处成立，其中 $f(x,y)$ 为联合密度函数，其表达式为

$$f(x,y)=\frac{1}{2\pi\sigma_1\sigma_2\sqrt{1-\rho^2}}\mathrm{e}^{-\frac{1}{2(1-\rho^2)}\left[\frac{(x-\mu_1)^2}{\sigma_1^2}-2\rho\frac{(x-\mu_1)(y-\mu_2)}{\sigma_1\sigma_2}+\frac{(y-\mu_2)^2}{\sigma_2^2}\right]},\quad -\infty<x,y<+\infty$$

从而当 $x=\mu_1,y=\mu_2$ 时，有

$$\frac{1}{2\pi\sigma_1\sigma_2\sqrt{1-\rho^2}}=\frac{1}{2\pi\sigma_1\sigma_2}$$

即 $\rho=0$.

充分性：当 $\rho=0$ 时，显然有

$$f(x,y)=f_X(x)f_Y(y)$$

因此，X 与 Y 相互独立.

本章关于二维随机变量的概念和理论，可以很容易地推广到三维及三维以上随机变量的情形. 有兴趣的读者可以参阅其他相关参考书，以加深对多维随机变量理论的理解. 下面给出在数理统计中非常有用的关于随机变量独立性的定理。

定理 3.3.1 设多维随机变量$(X_1,X_2,\cdots,X_m)$与$(Y_1,Y_2,\cdots,Y_n)$相互独立，则$X_i(i=1,2,\cdots,m)$与$Y_j(j=1,2,\cdots,n)$也相互独立，且多维随机变量的函数$h(X_1,X_2,\cdots,X_m)$与$g(Y_1,Y_2,\cdots,Y_n)$仍相互独立，其中h,g均是连续函数.

习题 3.3

1. 设二维连续型随机变量(X,Y)具有联合密度函数

$$f(x,y)=\begin{cases}4xy, & 0<x<1,0<y<1\\0, & 其他\end{cases}$$

问：随机变量X与Y是否相互独立？说明理由.

2. 设随机变量X服从参数$\lambda=2$的指数分布，而随机变量Y服从均匀分布$U(0,1)$，且X与Y相互独立，求：

(1) (X,Y)的联合密度函数；(2) $P(X+Y\leqslant 1)$.

3. 设二维离散型随机变量(X,Y)的联合分布律如下.

$X\backslash Y$	1	2	3
0	0.06	0.15	α
1	β	0.35	0.21

问：α,β取何值时，随机变量X与Y相互独立？

4. 设二维连续型随机变量(X,Y)服从区域D上的均匀分布.

(1) 若$D=\{(x,y)\mid x^2+y^2\leqslant 1\}$，问：随机变量$X$与$Y$是否相互独立？

(2) 若$D=\{(x,y)\mid a<x<b,c<y<d\}$，问：随机变量$X$与$Y$是否相互独立？

5. 设随机变量X与Y相互独立，且都服从均匀分布$U(0,1)$，试求关于z的二次方程$Xz^2+z+Y=0$有实根的概率.

3.4 两个随机变量函数的分布

解决两个随机变量函数的分布的方法与一个随机变量函数的分布的方法相同，只是前者比后者复杂得多. 下面仅对几种特殊的情形加以讨论，读者可以根据

下面介绍的解决两个随机变量函数的分布的基本思路,解决其他情形.

本节的主要问题是:已知(X,Y)的联合分布,$Z=g(X,Y)$,其中$Z=g(X,Y)$为连续函数,求Z的分布.

3.4.1 $Z=X+Y$的分布

1. 离散型随机变量函数的分布

例 3.4.1 已知随机变量X和Y的联合分布律为

(x,y)	(0,0)	(0,1)	(1,0)	(1,1)	(2,0)	(2,1)
$P(X=x,Y=y)$	0.1	0.15	0.25	0.2	0.15	0.15

求$Z=X+Y$的分布律.

解:Z为离散型随机变量,其可能取值为0,1,2,3,则Z的分布律是

$P(Z=0)=P(X+Y=0)=P(X=0,Y=0)=0.1$

$P(Z=1)=P(X+Y=1)=P(X=0,Y=1)+P(X=1,Y=0)=0.4$

$P(Z=2)=P(X+Y=2)=P(X=1,Y=1)+P(X=2,Y=0)=0.35$

$P(Z=3)=P(X+Y=3)=P(X=2,Y=1)=0.15$

即

Z	0	1	2	3
$P(Z=k)$	0.1	0.4	0.35	0.15

2. 连续型随机变量函数的分布

例 3.4.2 设二维连续型随机变量(X,Y)的联合密度函数为$f(x,y)$,$Z=X+Y$,求Z的分布.

解:

(1) 求Z的分布函数$F_Z(z)$.

$$F_Z(z)=P(Z\leqslant z)=P(X+Y\leqslant z)$$

$$=\iint\limits_{x+y\leqslant z} f(x,y)\mathrm{d}x\mathrm{d}y=\int_{-\infty}^{+\infty}\mathrm{d}x\int_{-\infty}^{z-x}f(x,y)\mathrm{d}y$$

(2) 求 Z 的密度函数 $f_Z(z)$.

$$f_Z(z)=\frac{\mathrm{d}}{\mathrm{d}z}(F_Z(z))=\frac{\mathrm{d}}{\mathrm{d}z}\left(\int_{-\infty}^{+\infty}\mathrm{d}x\int_{-\infty}^{z-x}f(x,y)\mathrm{d}y\right)$$

$$=\int_{-\infty}^{+\infty}f(x,z-x)\mathrm{d}x \tag{3.4.1}$$

由 X 与 Y 的对称性,得

$$f_Z(z)=\int_{-\infty}^{+\infty}f(z-y,y)\mathrm{d}y \tag{3.4.2}$$

特别地,如果 X 与 Y 相互独立,即

$$f(x,y)=f_X(x)\times f_Y(y)$$

则式(3.4.1)、式(3.4.2)分别为

$$f_Z(z)=\int_{-\infty}^{+\infty}f_X(x)f_Y(z-x)\mathrm{d}x \tag{3.4.3}$$

$$f_Z(z)=\int_{-\infty}^{+\infty}f_X(z-y)f_Y(y)\mathrm{d}y \tag{3.4.4}$$

上面两个积分称为函数的卷积.

例 3.4.3 设随机变量 X 与 Y 相互独立且都服从于 $N(0,1)$(标准正态分布),求 $Z=X+Y$ 的分布.

解:

方法一:(1) 求 Z 的分布函数 $F_Z(z)$.

$$F_Z(z)=P(Z\leqslant z)=P(X+Y\leqslant z)$$

$$=\iint\limits_{x+y\leqslant z} f_X(x)f_Y(y)\mathrm{d}x\mathrm{d}y=\int_{-\infty}^{+\infty}\mathrm{d}x\int_{-\infty}^{z-x}\frac{1}{2\pi}\mathrm{e}^{-\frac{x^2+y^2}{2}}\mathrm{d}y$$

(2) 求 Z 的密度函数 $f_Z(z)$.

$$f_Z(z)=\frac{\mathrm{d}}{\mathrm{d}z}(F_Z(z))=\frac{\mathrm{d}}{\mathrm{d}z}\left(\int_{-\infty}^{+\infty}\mathrm{d}x\int_{-\infty}^{z-x}\frac{1}{2\pi}\mathrm{e}^{-\frac{x^2+y^2}{2}}\mathrm{d}y\right)$$

$$=\int_{-\infty}^{+\infty}\frac{1}{2\pi}\mathrm{e}^{-\frac{x^2+(z-x)^2}{2}}\mathrm{d}x=\frac{1}{2\pi}\mathrm{e}^{-\frac{z^2}{4}}\int_{-\infty}^{+\infty}\frac{1}{2\pi}\mathrm{e}^{-\left(x-\frac{z}{2}\right)^2}\mathrm{d}x$$

$$=\frac{1}{\sqrt{2\pi}\cdot\sqrt{2}}\mathrm{e}^{-\frac{z^2}{4}}\cdot\frac{1}{\sqrt{2\pi}\cdot\frac{1}{\sqrt{2}}}\int_{-\infty}^{+\infty}\mathrm{e}^{-\frac{1}{2}\left(\frac{x-\frac{z}{2}}{\frac{1}{\sqrt{2}}}\right)^2}\mathrm{d}x$$

$$=\frac{1}{\sqrt{2\pi}\cdot\sqrt{2}}\mathrm{e}^{-\frac{z^2}{4}},\quad -\infty<z<+\infty$$

提示： 如果 $N(\mu,\sigma^2)$，则 $\frac{1}{\sqrt{2\pi}\sigma}\int_{-\infty}^{+\infty}\mathrm{e}^{-\frac{1}{2}\left(\frac{x-\mu}{\sigma}\right)^2}\mathrm{d}x=1$，此处 $\mu=\frac{z}{2}$，$\sigma^2=\frac{1}{2}$.

方法二：因为 X 与 Y 相互独立，由式(3.4.3)，得

$$f_Z(z)=\int_{-\infty}^{+\infty}f_X(x)f_Y(z-x)\mathrm{d}x$$

$$=\frac{1}{\sqrt{2\pi}\cdot\sqrt{2}}\mathrm{e}^{-\frac{z^2}{4}},\quad -\infty<z<+\infty$$

显然 $Z\sim N(0,2)$. 这一结论不是偶然，更一般地，有下面定理.

定理 3.4.1 设随机变量 $X_i\sim N(\mu_i,\sigma_i^2)(i=1,2,\cdots,n)$，且相互独立，$a_i(i=1,2,\cdots,n)$为任意常数，则随机变量

$$a_1X_1+a_2X_2+\cdots+a_nX_n=\sum_{i=1}^{n}a_iX_i\sim N(\mu,\sigma^2)$$

$$\mu=a_1\mu_1+a_2\mu_2+\cdots+a_n\mu_n=\sum_{i=1}^{n}a_i\mu_i$$

$$\sigma^2=a_1^2\sigma_1^2+a_2^2\sigma_2^2+\cdots+a_n^2\sigma_n^2=\sum_{i=1}^{n}a_i^2\sigma_i^2$$

证明略.

定理 3.4.1 表明，相互独立且都服从正态分布的随机变量的线性组合也服从正态分布. 这是正态分布的又一优良特性. 此结论非常重要，请大家牢记.

3.4.2 $Z_1=\max\{X,Y\}$和 $Z_2=\min\{X,Y\}$的分布

例 3.4.4 设随机变量 X 与 Y 相互独立，它们的分布函数分别为 $F_X(x)$和 $F_Y(y)$，求随机变量 $Z_1=\max\{X,Y\}$和 $Z_2=\min\{X,Y\}$的分布.

解：

(1) $Z_1=\max\{X,Y\}$的分布.

$$F_{Z_1}(z)=P(Z_1\leqslant z)=P(\max\{X,Y\}\leqslant z)$$
$$=P(X\leqslant z,Y\leqslant z)=P(X\leqslant z)\cdot P(Y\leqslant z)=F_X(z)\cdot F_Y(z)$$

即 $Z_1=\max\{X,Y\}$ 的分布函数为

$$F_{Z_1}(z)=F_X(z)\cdot F_Y(z)$$

(2) $Z_2=\min\{X,Y\}$ 的分布.

$$F_{Z_2}(z)=P(Z_2\leqslant z)=P(\min\{X,Y\}\leqslant z)=1-P(\min\{X,Y\}>z)$$
$$=1-P(X>z,Y>z)=1-P(X>z)\cdot P(Y>z)$$
$$=1-[1-F_X(z)]\cdot[1-F_Y(z)]$$

即 $Z_2=\min\{X,Y\}$ 的分布函数为

$$F_{Z_2}(z)=1-[1-F_X(z)]\cdot[1-F_Y(z)]$$

一般地,如果随机变量相互独立,则它们的分布函数分别如下.

(1) $Z=\max\{X_1,X_2,\cdots,X_n\}$ 的分布函数

$$F_Z(z)=F_{X_1}(z)F_{X_2}(z)\cdots F_{X_n}(z)$$

(2) $W=\min\{X_1,X_2,\cdots,X_n\}$ 的分布函数

$$F_W(w)=1-[1-F_{X_1}(w)][1-F_{X_2}(w)]\cdots[1-F_{X_n}(w)]$$

例 3.4.5 设系统由两个串联的元件所组成,两个元件的寿命分别是 X 与 Y,都服从 $U(0,1000)$,且 X 与 Y 相互独立,求系统寿命 Z 的分布.

解:系统寿命 $Z=\min\{X,Y\}$.

(1) 求 Z 的分布函数.

当 $z\leqslant 0$ 时,根据实际意义知 $F_Z(z)=0$;当 $z>0$ 时,

$$F_Z(z)=P(Z\leqslant z)=P(\min\{X,Y\}\leqslant z)$$
$$=1-P(\min\{X,Y\}>z)=1-P(X>z,Y>z)$$
$$=1-P(X>z)\cdot P(Y>z)=1-[1-F_X(z)]\cdot[1-F_Y(z)]$$

(2) 求 Z 的密度函数.

$$f_Z(z)=[F_Z(z)]'=f_X(z)\cdot[1-F_Y(z)]+[1-F_X(z)]f_Y(z)$$

因为 X 与 Y 都服从 $U(0,1000)$,则

$$f_X(x)=\begin{cases}\dfrac{1}{1000}, & 0<x<1000\\ 0, & \text{其他}\end{cases},\quad F_X(x)=\begin{cases}0, & x\leqslant 0\\ \dfrac{x}{1000}, & 0<x<1000\\ 1, & x\geqslant 1000\end{cases}$$

$$f_Y(y)=\begin{cases}\dfrac{1}{1000}, & 0<y<1000\\ 0, & \text{其他}\end{cases},\quad F_Y(y)=\begin{cases}0, & y\leqslant 0\\ \dfrac{y}{1000}, & 0<y<1000\\ 1, & y\geqslant 1000\end{cases}$$

所以

$$f_Z(z)=\begin{cases}\dfrac{1}{1000}\left(1-\dfrac{z}{1000}\right)+\left(1-\dfrac{z}{1000}\right)\dfrac{1}{1000}, & 0<z<1000\\ 0, & \text{其他}\end{cases}$$

$$=\begin{cases}\dfrac{1}{500}-\dfrac{z}{500000}, & 0<z<1000\\ 0, & \text{其他}\end{cases}$$

习题 3.4

1. 设二维离散型随机变量(X,Y)的联合分布律如下.

$X\backslash Y$	-1	0	1	2
-1	$\frac{4}{20}$	$\frac{3}{20}$	$\frac{2}{20}$	$\frac{6}{20}$
1	$\frac{2}{20}$	0	$\frac{2}{20}$	$\frac{1}{20}$

求：(1)$Z_1=X+Y$ 的分布律；(2)$Z_2=\max\{X,Y\}$的分布律；(3)$Z_3=\min\{X,Y\}$的分布律.

2. 设连续型随机变量 X 和 Y 的密度函数分别为

$$f_X(x)=\begin{cases}3\mathrm{e}^{-3x}, & x>0\\ 0, & \text{其他}\end{cases},\quad f_Y(y)=\begin{cases}2\mathrm{e}^{-2y}, & y>0\\ 0, & \text{其他}\end{cases}$$

且 X 与 Y 相互独立,试求(X,Y)的联合密度函数.

3. 设随机变量 X 和 Y 的密度函数为

$$f_X(x)=\begin{cases}1, & 0<x<1\\ 0, & \text{其他}\end{cases},\quad f_Y(y)=\begin{cases}\mathrm{e}^{-y}, & y>0\\ 0, & \text{其他}\end{cases}$$

且 X 与 Y 相互独立,试求随机变量 $Z=X+Y$ 的密度函数.

复习题 3

一、选择题

1. 设随机变量 X,Y 独立同分布，且 X 的分布律如下.

X	-1	1
p_k	$\frac{1}{2}$	$\frac{1}{2}$

则下列结论正确的是（　　）.

A. $X=Y$　　B. $P(X=Y)=1$

C. $P(X=Y)=0.5$　　D. 以上都不对

2. 设二维随机变量 (X,Y) 的联合概率密度为

$$f(x,y)=\begin{cases} cxy^2, & 0\leqslant y\leqslant x\leqslant 1 \\ 0, & \text{其他} \end{cases}$$

其中，c 为常数，则常数 $c=$（　　）.

A. 12　　B. 15　　C. 6　　D. 10

3. 设二维随机变量 (X,Y) 中的两个随机变量 X 与 Y 相互独立，且都服从同一个分布，则概率 $P(X\leqslant Y)$ 的值为（　　）.

A. $\frac{1}{2}$　　B. $\frac{3}{4}$　　C. 0　　D. $\frac{1}{2}$

二、填空题

1. 设随机变量 $X_i\ (i=1,2)$ 的分布律如下.

X_i	-1	0	1
p_k	$\frac{1}{4}$	$\frac{1}{2}$	$\frac{1}{4}$

且 $P(X_1X_2=0)=1$，则 $P(X_1=X_2)=$________.

2. 设二维随机变量(X,Y)的联合密度函数为

$$f(x,y)=\begin{cases}6x, & 0\leqslant x\leqslant y\leqslant 1\\ 0, & \text{其他}\end{cases}$$

则 $P(X+Y\leqslant 1)=$________.

3. 设二维随机变量(X,Y)的联合密度函数为

$$f(x,y)=\begin{cases}\dfrac{1}{2}, & 0\leqslant x\leqslant 1,0\leqslant y\leqslant 2\\ 0, & \text{其他}\end{cases}$$

则 $P((X>1)\cup(Y>1))=$________.

4. 设二维随机变量(X,Y)的联合分布律如下.

X\Y	0	1	2
0	$\frac{1}{6}$	α	$\frac{1}{24}$
1	$\frac{1}{3}$	$\frac{1}{4}$	$\frac{1}{12}$

则常数 $\alpha=$________.

三、计算题与证明题

1. 设 A,B 为两个事件，且 $P(A)=\frac{1}{4}$，$P(B)=\frac{1}{6}$，$P(AB)=\frac{1}{12}$，令随机变量

$X=\begin{cases}1, & A\text{ 发生}\\ 0, & \text{其他}\end{cases}$，$Y=\begin{cases}1, & B\text{ 发生}\\ 0, & \text{其他}\end{cases}$，求二维随机变量$(X,Y)$的联合分布律.

2. 设二维随机变量(X,Y)的联合分布律如下.

X\Y	0	1
0	$\frac{1}{25}$	$\frac{4}{25}$
1	$\frac{4}{25}$	$\frac{16}{25}$

要求：

(1) 求 $F\left(2,\frac{1}{2}\right)$；

(2) 求(X,Y)分别关于 X 和关于 Y 的边缘分布律；

(3) 试确定 X 与 Y 是否相互独立，并说明你的理由.

3. 设二维随机变量(X,Y)服从平面区域 $D=\{(x,y)\mid 0\leqslant x\leqslant 2,0\leqslant y\leqslant 2\}$上的均匀分布，求 X 和 Y 中至少有一个小于 1 的概率.

4. 设二维随机变量(X,Y)的联合密度函数为

$$f(x,y)=\begin{cases}\frac{3}{2}xy^2, & 0\leqslant x\leqslant 2,0\leqslant y\leqslant 1\\ 0, & \text{其他}\end{cases}$$

要求：

(1) 求(X,Y)分别关于 X 和关于 Y 的边缘密度函数；

(2) 试确定 X 与 Y 是否相互独立，并说明你的理由.

第4章

随机变量的数字特征

前面讨论了随机变量的概率分布，它完整地描述了随机变量的概率性质，而数字特征则是由概率分布所决定的常数，它刻画了随机变量的某一方面的性质. 在许多实际问题中，分布往往不易求得或不需求得，而只需了解某些数字特征，而数字特征往往容易通过数理统计的方法得到.

4.1 数学期望

对于一个随机变量 X，有时希望知道 X 的取值集中在哪里，即要确定 X 的平均值. 由于 X 的取值是随机的，因此要真正体现 X 取值的平均，不能用简单算术平均的方法来确定 X 的平均值，而应考虑到 X 取不同值的概率大小，即应采取加概率权的方法，用数学期望来表示 X 的平均值.

4.1.1 离散型随机变量的数学期望

根据第 2 章、第 3 章所学的离散型随机变量，离散型的数学期望分为一维离散型随机变量的数学期望、常见离散型分布的数学期望以及离散型随机变量函数的数学期望三个部分进行阐述，后面的连续型随机变量亦是如此.

1. 一维离散型随机变量的数学期望

例 4.1.1 设有甲、乙两位射手，他们的射击水平分别如表 4-1-1 和表 4-1-2 所示，问哪一位射手的射击水平较高?

表 4-1-1

甲击中环数	8	9	10
频率	0.3	0.1	0.6

表 4-1-2

乙击中环数	8	9	10
频率	0.2	0.5	0.3

解：假设甲、乙各射击 n 次，则他们平均射击所得环数如下.

甲：
$$\frac{8\times 0.3n+9\times 0.1n+10\times 0.6n}{n}=9.3$$

乙：
$$\frac{8\times 0.2n+9\times 0.5n+10\times 0.3n}{n}=9.1$$

由此可见，甲的射击水平较高.

对于一般的离散型随机变量 X，引入如下的定义.

定义 4.1.1 设离散型随机变量 X 的概率分布律为

$$P\{X=x_i\}=p_i,\quad i=1,2,\cdots$$

若级数 $\sum_{i=1}^{\infty}x_ip_i$ 绝对收敛，即 $\sum_{i=1}^{\infty}|x_i|p_i<+\infty$，则称级数 $\sum_{i=1}^{\infty}x_ip_i$ 的和为 X 的数学期望（简称期望）或均值，记为 $E(X)$，即

$$E(X)=\sum_{i=1}^{\infty}x_ip_i$$

若级数 $\sum_{i=1}^{\infty}x_ip_i$ 不绝对收敛，则称 X 的数学期望 $E(X)$ 不存在.

例 4.1.2 某工人的工作水平为：全天不出废品的日子占 30%，出 1 个废品的日子占 40%，出 2 个废品的日子占 20%，出 3 个废品的日子占 10%.

(1) 设 X 为这个工人一天出的废品个数，求 X 的分布律.

(2) 这个工人平均每天出几个废品？

解：

(1) X 的分布律为

X	0	1	2	3
p_k	0.3	0.4	0.2	0.1

(2) 由 X 的分布律和期望的概念可得

$$E(X)=0\times 0.3+1\times 0.4+2\times 0.2+3\times 0.1=1.1$$

因此，这个工人平均每天约出 1 个废品.

2. 常见离散型分布的数学期望

(1) 0—1 分布

设随机变量 X 服从 0—1 分布(或表示为 $X\sim B(1,p)$)，即其分布律为($0<p<1$)

X	0	1
p_k	$1-p$	p

则随机变量 X 的数学期望为

$$E(X)=0\times(1-p)+1\times p=p$$

(2) 二项分布

设随机变量 $X\sim B(n,p)$，即其分布律为

$$P\{X=k\}=C_n^k p^k q^{n-k},\quad k=0,1,2,\cdots,n;\ 0<p<1,p+q=1$$

则随机变量 X 的数学期望为

$$\begin{aligned}E(X)&=\sum_{k=0}^{n}k\cdot C_n^k p^k q^{n-k}=\sum_{k=1}^{n}k\frac{n!}{k!(n-k)!}\cdot p^k q^{n-k}\\&=np\sum_{k=1}^{n}\frac{(n-1)!}{(k-1)!(n-k)!}\cdot p^{k-1}q^{(n-1)-(k-1)}\\&=np\sum_{k=1}^{n}\frac{(n-1)!}{(k-1)![(n-1)-(k-1)]!}p^{k-1}q^{(n-1)-(k-1)}\\&=np\sum_{k=1}^{n}C_{n-1}^{k-1}p^{k-1}q^{(n-1)-(k-1)}\\&=np(p+q)^{n-1}=np\end{aligned}$$

(3) 泊松分布

设随机变量 $X\sim\pi(\lambda)$，即其分布律为

$$P\{X=k\}=\frac{\lambda^k}{k!}e^{-\lambda},\quad k=0,1,2,\cdots;\ \lambda>0$$

则随机变量 X 的数学期望为

$$E(X)=\sum_{k=0}^{\infty}k\cdot\frac{\lambda^k}{k!}e^{-\lambda}=\sum_{k=1}^{\infty}\frac{\lambda^k}{(k-1)!}e^{-\lambda}=\lambda e^{-\lambda}\sum_{i=0}^{\infty}\frac{\lambda^i}{i!}=\lambda\cdot e^{-\lambda}\cdot e^{\lambda}=\lambda$$

3. 离散型随机变量函数的数学期望

定理 4.1.1 设 X 为离散型随机变量,并且其分布律为 $P\{X=x_i\}=p_i(i=1,2,\cdots)$,$Y=g(X)$,其中 g 是连续函数,则 Y 的数学期望为

$$E(Y)=E[g(X)]=\sum_i g(x_i)p_i$$

定理 4.1.1 的证明从略.该定理的意义在于:求随机变量 $Y=g(x)$ 的数学期望时,可以不必求出 $Y=g(x)$ 的概率分布,只需要知道 X 的概率分布就可以了.虽然这种简便对于离散型区别不大,但是对于后面的连续型有着很大的区别.

例 4.1.3 设随机变量 X 分布律为

X	-2	-1	0	1
P	0.1	0.4	0.3	0.2

求:(1) $E(X^2)$;(2) $E(2X+1)$.

解:

(1) $E(X^2)=(-2)^2\times0.1+(-1)^2\times0.4+(0)^2\times0.3+(1)^2\times0.2=1$

(2) $E(2X+1)=-3\times0.1+(-1)\times0.4+1\times0.3+3\times0.2=0.2$

定理 4.1.1 可推广到两个离散型随机变量的函数的情况(二维情形).

定理 4.1.2 设(X,Y)为二维离散型随机变量,$Z=g(X,Y)$,其中 g 是连续函数,并且(X,Y)的联合分布律为 $P\{X=x_i,Y=y_j\}=p_{ij}(i,j=1,2,\cdots)$,则 Z 的数学期望为

$$E(Z)=E[g(X,Y)]=\sum_j\sum_i g(x_i,y_j)p_{ij}$$

例 4.1.4 设二维随机变量(X,Y)的联合分布律为

$X\backslash Y$	-1	0	1
1	0.2	0.1	0.1
2	0.1	0	0.1
3	0	0.3	0.1

要求：

(1) 求 $E(X),E(Y)$；(2) 设 $Z=\dfrac{Y}{X}$，求 $E(Z)$；(3) 设 $Z=(X-Y)^2$，求 $E(Z)$.

解：由上述定理 4.1.2 可得

(1)

$$E(X)=1\times(0.2+0.1+0.1)+2\times(0.1+0+0.1)+3\times(0+0.3+0.1)=2$$

$$E(Y)=-1\times(0.2+0.1+0)+0\times(0.1+0+0.3)+1\times(0.1+0.1+0.1)=0$$

(2)

$$\begin{aligned}E(Z)=E\left(\frac{Y}{X}\right)&=\left(\frac{-1}{1}\right)\times0.2+\left(\frac{0}{1}\right)\times0.1+\left(\frac{1}{1}\right)\times0.1+\\&\quad\left(\frac{-1}{2}\right)\times0.1+\left(\frac{0}{2}\right)\times0+\left(\frac{1}{2}\right)\times0.1+\\&\quad\left(\frac{-1}{3}\right)\times0+\left(\frac{0}{3}\right)\times0.3+\left(\frac{1}{3}\right)\times0.1\\&=-\frac{1}{15}\end{aligned}$$

(3)

$$\begin{aligned}E(Z)&=E[(X-Y)^2]\\&=[1-(-1)]^2\times0.2+(1-0)^2\times0.1+(1-1)^2\times0.1+\\&\quad[2-(-1)]^2\times0.1+(2-0)^2\times0+(2-1)^2\times0.1+\\&\quad[3-(-1)]^2\times0+(3-0)^2\times0.3+(3-1)^2\times0.1\\&=5\end{aligned}$$

4.1.2 连续型随机变量的数学期望

1. 一维连续型随机变量的数学期望

若连续型随机变量 X 的密度函数为 $f(x)$，则 X 落入 $(x_i,x_i+\mathrm{d}x)$ 中的概率可以近似地表示为 $f(x)\mathrm{d}x$，这与离散型随机变量的 p_i 类似. 于是，引入下面的定义.

定义 4.1.2 设连续型随机变量 X 的密度函数为 $f(x)$. 如果广义积分 $\int_{-\infty}^{+\infty}xf(x)\mathrm{d}x$ 绝对收敛，即

$$\int_{-\infty}^{+\infty}|x|f(x)\mathrm{d}x<+\infty$$

则称广义积分$\int_{-\infty}^{+\infty} xf(x)\mathrm{d}x$ 的值为 X 的数学期望(简称期望)或均值，记为 $E(X)$，即

$$E(X)=\int_{-\infty}^{+\infty} xf(x)\mathrm{d}x$$

若广义积分$\int_{-\infty}^{+\infty} xf(x)\mathrm{d}x$ 不绝对收敛，则称 X 的数学期望 $E(X)$ 不存在.

例 4.1.5 设随机变量 X 的密度函数为

$$f(x)=\frac{1}{\pi}\cdot\frac{1}{1+x^2},\quad -\infty<x<+\infty$$

称 X 服从柯西(Cauchy)分布，求 $E(X)$.

解：由于

$$E(X)=\int_{-\infty}^{+\infty} |x|\ f(x)\mathrm{d}x=\int_{-\infty}^{+\infty} |x|\ \frac{1}{\pi}\cdot\frac{1}{1+x^2}\mathrm{d}x=\frac{2}{\pi}\int_{0}^{+\infty}\frac{x}{1+x^2}\mathrm{d}x$$

$$=\frac{1}{\pi}\ln(1+x^2)\Big|_{0}^{+\infty}=+\infty$$

因此，$E(X)$ 不存在，即柯西分布的数学期望不存在.

2. 常见连续型分布的数学期望

(1) 均匀分布

设随机变量 $X\sim U(a,b)$，即其密度函数为

$$f(x)=\begin{cases}\dfrac{1}{b-a}, & a<x<b\\ 0, & \text{其他}\end{cases}$$

数学期望为

$$E(X)=\int_{-\infty}^{+\infty} xf(x)\mathrm{d}x=\int_{a}^{b} x\cdot\frac{1}{b-a}\mathrm{d}x=\frac{1}{b-a}\cdot\frac{b^2-a^2}{2}=\frac{a+b}{2}$$

(2) 指数分布

设随机变量 $X\sim \mathrm{e}(\lambda)(\lambda>0)$，即其密度函数为

$$f(x)=\begin{cases}\lambda \mathrm{e}^{-\lambda x}, & x\geqslant 0\\ 0, & x<0\end{cases}$$

数学期望为

$$E(X)=\int_{-\infty}^{+\infty}xf(x)\mathrm{d}x=\int_{0}^{+\infty}x\cdot\lambda\mathrm{e}^{-\lambda x}\mathrm{d}x=-\int_{0}^{+\infty}x\mathrm{d}\mathrm{e}^{-\lambda x}$$

$$=-x\mathrm{e}^{-\lambda x}\Big|_{0}^{+\infty}+\int_{0}^{+\infty}\mathrm{e}^{-\lambda x}\mathrm{d}x=-\frac{1}{\lambda}\mathrm{e}^{-\lambda x}\Big|_{0}^{+\infty}$$

$$=\frac{1}{\lambda}$$

(3) 正态分布

设随机变量 $X\sim N(\mu,\sigma^2)(\sigma>0)$,即其密度函数为

$$f(x)=\frac{1}{\sqrt{2\pi}\sigma}\mathrm{e}^{-\frac{(x-\mu)^2}{2\sigma^2}},\quad -\infty<x<+\infty$$

数学期望为

$$E(X)=\int_{-\infty}^{+\infty}xf(x)\mathrm{d}x=\frac{1}{\sqrt{2\pi}\sigma}\int_{-\infty}^{+\infty}x\mathrm{e}^{-\frac{(x-\mu)^2}{2\sigma^2}}\mathrm{d}x$$

$$\xlongequal{\text{令}\frac{x-\mu}{\sigma}=t}\frac{1}{\sqrt{2\pi}}\int_{-\infty}^{+\infty}(\sigma t+\mu)\cdot\mathrm{e}^{-\frac{t^2}{2}}\mathrm{d}t$$

$$=\frac{\sigma}{\sqrt{2\pi}}\int_{-\infty}^{+\infty}t\mathrm{e}^{-\frac{t^2}{2}}\mathrm{d}t+\mu\int_{-\infty}^{+\infty}\frac{1}{\sqrt{2\pi}}\mathrm{e}^{-\frac{t^2}{2}}\mathrm{d}t=\mu$$

3. 连续型随机变量函数的数学期望

定理 4.1.3 设 X 为连续型随机变量,并且其密度函数为 $f(x)$,$Y=g(X)$,其中,g 是连续函数,则 Y 的数学期望为

$$E(Y)=E[g(X)]=\int_{-\infty}^{+\infty}g(x)f(x)\mathrm{d}x$$

定理 4.1.3 的证明从略.对于连续型而言,随机变量函数 $Y=g(X)$的分布相对麻烦(见 2.8 节),根据定理 4.1.3 计算随机变量 $Y=g(X)$的数学期望时,可以不必求出 $Y=g(X)$的概率分布,只需要知道 X 的概率分布套用公式计算即可.

例 4.1.6 设随机变量 $X\sim N(0,1)$,求 $E(X^2)$.

解:由定理 4.1.3 可知

$$E(X^2)=\frac{1}{\sqrt{2\pi}}\int_{-\infty}^{+\infty}x^2\mathrm{e}^{-\frac{x^2}{2}}\mathrm{d}x=\left(-\frac{1}{\sqrt{2\pi}}x\mathrm{e}^{-\frac{x^2}{2}}\right)\Big|_{-\infty}^{+\infty}+\frac{1}{\sqrt{2\pi}}\int_{-\infty}^{+\infty}\mathrm{e}^{-\frac{x^2}{2}}\mathrm{d}x$$

$$=\frac{1}{\sqrt{2\pi}}\int_{-\infty}^{+\infty}\mathrm{e}^{-\frac{x^2}{2}}\mathrm{d}x=\frac{1}{\sqrt{2\pi}}\sqrt{2\pi}=1$$

注:$\int_{-\infty}^{+\infty} e^{-\frac{x^2}{2}} dx = \sqrt{2\pi}$ 是工程中常见的积分.

上述定理 4.1.3 可推广到两个连续型随机变量的函数的情况(二维情形).

定理 4.1.4 设(X,Y)为二维连续型随机变量,$Z=g(X,Y)$,其中 g 是连续函数,且(X,Y)的联合密度函数为 $f(x,y)$,则 Z 的数学期望为

$$E(Z)=E[g(X,Y)]=\int_{-\infty}^{+\infty}\int_{-\infty}^{+\infty} g(x,y)f(x,y)\mathrm{d}x\mathrm{d}y$$

例 4.1.7 设二维随机变量(X,Y)的联合密度函数为

$$f(x,y)=\begin{cases}12y^2, & 0\leqslant y\leqslant x\leqslant 1\\ 0, & \text{其他}\end{cases}$$

求:(1) $E(X)$;(2) $E(Y)$;(3) $E(XY)$;(4) $E(X^2+Y^2)$.

解:由定理 4.1.4 可知

(1) $E(X)=\int_{-\infty}^{+\infty}\int_{-\infty}^{+\infty} xf(x,y)\mathrm{d}x\mathrm{d}y=\int_0^1\mathrm{d}x\int_0^x x\cdot 12y^2\mathrm{d}y=\int_0^1 x\cdot 4x^3\mathrm{d}x=\frac{4}{5}$;

(2) $E(Y)=\int_{-\infty}^{+\infty}\int_{-\infty}^{+\infty} yf(x,y)\mathrm{d}x\mathrm{d}y=\int_0^1\mathrm{d}x\int_0^x y\cdot 12y^2\mathrm{d}y=\int_0^1 3x^4\mathrm{d}x=\frac{3}{5}$;

(3) $E(XY)=\int_{-\infty}^{+\infty}\int_{-\infty}^{+\infty} xyf(x,y)\mathrm{d}x\mathrm{d}y=\int_0^1\mathrm{d}x\int_0^x xy\cdot 12y^2\mathrm{d}y=\frac{1}{2}$;

(4) $E(X^2+Y^2)=\int_{-\infty}^{+\infty}\int_{-\infty}^{+\infty}(x^2+y^2)f(x,y)\mathrm{d}x\mathrm{d}y=\int_0^1\mathrm{d}x\int_0^x(x^2+y^2)\cdot$
$12y^2\mathrm{d}y=\frac{16}{15}$.

4.1.3 数学期望的性质

数学期望是随机变量最基本的数字特征.下面不加证明地给出数学期望的一些重要的性质(假设所涉及的期望均存在).

性质 4.1.1 $E(a)=a$,其中 a 为常数.

性质 4.1.2 $E(aX)=aE(X)$,其中 a 为常数.

性质 4.1.3 $E(X+Y)=E(X)+E(Y)$.

注:性质 4.1.2 和性质 4.1.3 可以推广到多个随机变量的情形,设 $k_i(i=1,2,\cdots,n)$为任意常数,即

$$E\left(\sum_{i=1}^{n}k_iX_i\right)=\sum_{i=1}^{n}k_iE(X_i)$$

性质 4.1.4 若随机变量 X 和 Y 相互独立,则 $E(XY)=E(X)\cdot E(Y)$.

例 4.1.8 掷 6 颗骰子,用 X 表示出现的点数之和,求 $E(X)$.

解:设随机变量 $X_i(i=1,2,3,4,5,6)$表示第 i 颗骰子出现的点数,则

$$X=\sum_{i=1}^{6}X_i$$

且 $X_i(i=1,2,3,4,5,6)$的分布律为

X_i	1	2	3	4	5	6
p_k	1/6	1/6	1/6	1/6	1/6	1/6

从而

$$E(X)=E\left(\sum_{i=1}^{6}X_i\right)=\sum_{i=1}^{6}E(X_i)=6\times\frac{21}{6}=21$$

习题 4.1

1. 设连续型随机变量 X 具有密度函数 $f(x)=\begin{cases}\frac{6}{5}x(x+1), & 0\leqslant x\leqslant 1\\ 0, & \text{其他}\end{cases}$,求 $E(X)$.

2. 设离散型随机变量 X 取非负整数的概率为 $P(X=n)=\frac{ab^n}{n!}$,已知 $E(X)=\lambda$,试求参数 a,b 的值.

3. 设离散型随机变量 X 的分布律如下.

X	-2	-1	0	1
p_k	0.1	0.4	0.3	0.2

求:(1) $E(X)$;(2) $E(X^2)$;(3) $E[(X-1)^2]$.

4. 设连续型随机变量 X 具有密度函数 $f(x)=\begin{cases}e^{-x}, & x\geqslant 0\\ 0, & \text{其他}\end{cases}$,求:(1) $E(3X)$;(2) $E(e^{-3X})$.

5. 设二维离散型随机变量(X,Y)的联合分布律如下.

$X\backslash Y$	0	1	2
0	0.1	0.2	α
1	0.1	β	0.2

已知$E(X^2+Y^2)=2.4$，求参数α,β的值.

4.2 方　差

随机变量X的数学期望描述了X取值的集中趋势，或者说平均水平，但是有时仅知道X的数学期望是不够的，还需要知道X的取值与其数学期望（均值）的偏离程度. 例如，某工厂生产的一批元件，其平均使用寿命为1000h，仅此我们很难了解这批元件质量的优劣，因为可能一半元件的质量很好，使用寿命在1500h以上，而另一半元件的质量很差，使用寿命不足500h，即该批元件的质量不够稳定. 可见，需进一步考察元件使用寿命X与数学期望$E(X)$的偏离程度. 下面介绍的方差就是用来描述随机变量的取值与其数学期望的偏离程度的数字特征.

4.2.1 方差的概念

如果随机变量X的数学期望存在，则称$X-E(X)$为随机变量X的离差. 由于离差$X-E(X)$有正、有负，为了消除离差符号的影响以及数学上便于处理，用$[X-E(X)]^2$来衡量X与$E(X)$的偏离程度.

定义 4.2.1　设X是随机变量. 若$E\{[X-E(X)]^2\}$存在，则称它为X的方差，记作$D(X)$，即

$$D(X)=E\{[X-E(X)]^2\} \tag{4.2.1}$$

并称与X有相同量纲的量$\sqrt{D(X)}$为X的均方差或标准差.

注：

(1) 由方差的定义，对于离散型随机变量X，有

$$D(X)=\sum_{i=1}^{n}\{[X_i-E(X)]^2\}p_i$$

其中，$p_i=P(X=x_i)(i=1,2,\cdots)$为 X 的分布律.

(2) 对于连续型随机变量 X，有

$$D(X)=\int_{-\infty}^{+\infty}[x-E(X)]^2 f(x)\mathrm{d}x$$

其中，$f(x)$为 X 的密度函数.

(3) 对于方差的计算，通常利用如下公式：

$$D(X)=E(X^2)-[E(X)]^2 \tag{4.2.2}$$

事实上，

$$\begin{aligned}D(X)&=E\{[X-E(X)]^2\}=E\{X^2-2XE(X)+[E(X)]^2\}\\&=E(X^2)-2E(X)\cdot E(X)+[E(X)]^2=E(X^2)-[E(X)]^2\end{aligned}$$

例 4.2.1 设随机变量 X 具有密度函数为

$$f(x)=\begin{cases}Ax^2+Bx, & 0\leqslant x\leqslant 1\\0, & \text{其他}\end{cases}$$

且 $E(X)=\dfrac{1}{2}$，求：(1) A,B 的值；(2) $D(X)$.

解：

(1) 根据密度函数的规范性有

$$\int_{-\infty}^{+\infty}f(x)\mathrm{d}x=\int_0^1(Ax^2+Bx)\mathrm{d}x=\frac{A}{3}+\frac{B}{2}=1$$

再由数学期望的定义有

$$E(X)=\int_{-\infty}^{+\infty}xf(x)\mathrm{d}x=\int_0^1 x\cdot(Ax^2+Bx)\mathrm{d}x=\frac{A}{4}+\frac{B}{3}=\frac{1}{2}$$

根据上面两个方程解得 $A=-6,B=6$.

(2) 由于 $E(X)=\dfrac{1}{2}$，且

$$E(X^2)=\int_{-\infty}^{+\infty}x^2 f(x)\mathrm{d}x=\int_0^1 x^2(-6x^2+6x)\mathrm{d}x=\frac{3}{10}$$

因此，根据方差的计算公式(4.2.2)，得

$$D(X)=E(X^2)-[E(X)]^2=\frac{3}{10}-\left[\frac{1}{2}\right]^2=\frac{1}{20}$$

4.2.2 常见分布的方差

数学期望里面已经介绍了6个常见的分布的数学期望，以下介绍它们各自的方差，依照方差的计算公式(4.2.2)可知，只需计算 $E(X^2)$，然后套用该公式即可.

1. 0—1 分布

设随机变量 X 服从0－1分布(或表示为 $X\sim B(1,p)$)，即其分布律为($0<p<1$)

X	0	1
p_k	$1-p$	p

已知 $E(X)=p$，则

$$E(X^2)=0^2\times(1-p)+1^2\times p=p$$

于是

$$D(X)=E(X^2)-[E(X)]^2=p-p^2=p(1-p)$$

2. 二项分布

设随机变量 $X\sim B(n,p)$，即其分布律为

$$P\{X=k\}=C_n^k p^k q^{n-k},\quad 0<p<1,p+q=1,k=0,1,2,\cdots,n$$

已知 $E(X)=np$，则

$$\begin{aligned}E(X^2)&=\sum_{k=0}^{n}k^2C_n^k p^k q^{n-k}=np\sum_{k=1}^{n}k\cdot\frac{(n-1)!}{(k-1)!(n-k)!}p^{k-1}q^{n-k}\\&=np\left[\sum_{k=1}^{n}(k-1)\frac{(n-1)!}{(k-1)!(n-k)!}p^{k-1}q^{n-k}+\right.\\&\left.\sum_{k=1}^{n}\frac{(n-1)!}{(k-1)!(n-k)!}p^{k-1}q^{n-k}\right]\\&=np[(n-1)p+1]\end{aligned}$$

于是

$$D(X)=np(np-p+1)-(np)^2=np(1-p)$$

3. 泊松分布

设随机变量 $X \sim \pi(\lambda)$，即其分布律为

$$P\{X=k\}=\frac{\lambda^k}{k!}\mathrm{e}^{-\lambda},\quad \lambda>0, k=0,1,2,\cdots$$

已知 $E(X)=\lambda$，则

$$E(X^2)=\sum_{k=0}^{\infty}k^2\frac{\lambda^k}{k!}\mathrm{e}^{-\lambda}=\sum_{k=1}^{\infty}k\frac{\lambda^k}{(k-1)!}\mathrm{e}^{-\lambda}$$

$$=\sum_{k=2}^{\infty}(k-1)\frac{\lambda^k}{(k-1)!}\mathrm{e}^{-\lambda}+\sum_{k=1}^{\infty}\frac{\lambda^k}{(k-1)!}\mathrm{e}^{-\lambda}=\lambda^2+\lambda$$

于是

$$D(X)=\lambda^2+\lambda-\lambda^2=\lambda$$

4. 均匀分布

设随机变量 $X \sim U(a,b)$，$a<b$，即其密度函数为

$$f(x)=\begin{cases}\dfrac{1}{b-a}, & a<x<b\\ 0, & \text{其他}\end{cases}$$

已知 $E(X)=\dfrac{a+b}{2}$，则

$$E(X^2)=\int_{-\infty}^{+\infty}x^2f(x)\mathrm{d}x=\int_a^b x^2\frac{1}{b-a}\mathrm{d}x=\frac{1}{b-a}\cdot\frac{b^3-a^3}{3}=\frac{b^2+ab+a^2}{3}$$

于是

$$D(X)=E(X^2)-[E(X)]^2=\frac{(b-a)^2}{12}$$

5. 指数分布

设随机变量 $X \sim \mathrm{e}(\lambda)$，$\lambda>0$，即其密度函数为

$$f(x)=\begin{cases}\lambda\mathrm{e}^{-\lambda x}, & x\geqslant 0\\ 0, & x<0\end{cases}$$

已知 $E(X)=\dfrac{1}{\lambda}$，则

$$E(X^2)=\int_{-\infty}^{+\infty}x^2f(x)\mathrm{d}x=\int_0^{+\infty}x^2\cdot\lambda\mathrm{e}^{-\lambda x}\mathrm{d}x=-\int_0^{+\infty}x^2\mathrm{d}\mathrm{e}^{-\lambda x}$$

$$=-x^2\mathrm{e}^{-\lambda x}\Big|_0^{+\infty}+2\int_0^{+\infty}x\cdot\mathrm{e}^{-\lambda x}\mathrm{d}x=\frac{2}{\lambda^2}$$

于是

$$D(X)=E(X^2)-[E(X)]^2=\frac{1}{\lambda^2}$$

6. 正态分布

设随机变量 $X\sim N(\mu,\sigma^2)$，$\sigma>0$，即其密度函数为

$$f(x)=\frac{1}{\sqrt{2\pi}\sigma}\mathrm{e}^{-\frac{(x-\mu)^2}{2\sigma^2}},\quad -\infty<x<+\infty$$

已知 $E(X)=\mu$，则

$$D(X)=E[X-E(X)]^2=\frac{1}{\sqrt{2\pi}\sigma}\int_{-\infty}^{+\infty}(x-\mu)^2\cdot\mathrm{e}^{-\frac{(x-\mu)^2}{2\sigma^2}}\mathrm{d}x$$

$$\overset{\frac{x-\mu}{\sigma}=t}{=\!=\!=\!=}\frac{\sigma^2}{\sqrt{2\pi}}\int_{-\infty}^{+\infty}t^2\mathrm{e}^{-\frac{t^2}{2}}\mathrm{d}t=-\frac{\sigma^2}{\sqrt{2\pi}}\int_{-\infty}^{+\infty}t\,\mathrm{d}\mathrm{e}^{-\frac{t^2}{2}}$$

$$=-\frac{\sigma^2}{\sqrt{2\pi}}t\mathrm{e}^{-\frac{t^2}{2}}\Big|_{-\infty}^{+\infty}+\frac{\sigma^2}{\sqrt{2\pi}}\int_{-\infty}^{+\infty}\mathrm{e}^{-\frac{t^2}{2}}\mathrm{d}t=\sigma^2$$

几种常用的随机变量的数学期望与方差总结如表 4-2-1 所示.

表 4-2-1

分布名称	分布记号	分布律或密度函数	数学期望	方差
0—1 分布	$X\sim B(1,p)$	<table><tr><td>X</td><td>0</td><td>1</td></tr><tr><td>p_k</td><td>$1-p$</td><td>p</td></tr></table> $(0<p<1)$	p	pq
二项分布	$X\sim B(n,p)$	$P\{X=k\}=C_n^kp^kq^{n-k}$，$0<p<1,p+q=1$，$k=0,1,2,\cdots,n$	np	npq

续表

分布名称	分布记号	分布律或密度函数	数学期望	方差
泊松分布	$X\sim\pi(\lambda)$	$P\{X=k\}=\dfrac{\lambda^k}{k!}e^{-\lambda},\quad \lambda>0,k=0,1,2,\cdots$	λ	λ
均匀分布	$X\sim U(a,b)$	$f(x)=\begin{cases}\dfrac{1}{b-a}, & a<x<b\\ 0, & 其他\end{cases}$	$\dfrac{a+b}{2}$	$\dfrac{(b-a)^2}{12}$
指数分布	$X\sim e(\lambda)$	$f(x)=\begin{cases}\lambda e^{-\lambda x}, & x\geqslant 0\\ 0, & x<0\end{cases},\quad \lambda>0$	$\dfrac{1}{\lambda}$	$\dfrac{1}{\lambda^2}$
正态分布	$X\sim N(\mu,\sigma^2)$	$f(x)=\dfrac{1}{\sqrt{2\pi}\sigma}e^{-\frac{(x-\mu)^2}{2\sigma^2}},\quad -\infty<x<+\infty$	μ	σ^2

4.2.3 方差的性质

性质 4.2.1 $D(c)=0$,其中 c 为常数.

性质 4.2.2 $D(kX)=k^2D(X)$,其中 k 为常数.

性质 4.2.3 $D(X+a)=D(X)$,其中 a 为常数.

性质 4.2.4 若随机变量 X 和 Y 相互独立,则 $D(X+Y)=D(X)+D(Y)$.

注:性质 4.2.4 可以推广到多个随机变量的情形,设 n 个随机变量 $X_1,X_2,\cdots,X_n$ 相互独立,即

$$D\left(\sum_{i=1}^{n}k_iX_i\right)=\sum_{i=1}^{n}k_i^2D(X_i)$$

例 4.2.2 设随机变量 $X\sim B(10,0.4)$,求 $E(X^2+2X+4)$.

解:由题设知 $E(X)=4,D(X)=2.4$,再由数学期望的性质以及方差计算公式转换使用 $E(X^2)=D(X)+[E(X)]^2=18.4$,可得

$$E(X^2+2X+4)=E(X^2)+2E(X)+4=30.4$$

例 4.2.3 设随机变量 $X\sim\pi(2)$,$Z=3X-2$,求:(1) $E(Z)$;(2) $D(Z)$.

解:由题设知 $E(X)=2,D(X)=2$,再由数学期望和方差的性质可得

(1) $$E(Z)=E(3X-2)=3E(X)-2=4$$

(2) $$D(Z)=D(3X-2)=9D(X)=18$$

习题 4.2

1. 设连续型随机变量 X 具有密度函数 $f(x)=\begin{cases}\dfrac{A}{1+x^2}, & -1\leqslant x\leqslant 1\\ 0, & \text{其他}\end{cases}$，求：

(1) 常数 A 的值；(2) $E(X)$；(3) $D(X)$.

2. 设二维连续型随机变量 (X,Y) 的联合密度函数为

$$f(x,y)=\begin{cases}6xy, & 0<x<1,0<y<2(1-x)\\ 0, & \text{其他}\end{cases}$$

求：(1) $E(X)$；(2) $E(Y)$；(3) $D(X)$；(4) $D(Y)$；(5) $E(XY)$.

3. 设随机变量 X 与 Y 相互独立，且 $X\sim N(0,1)$，$Y\sim U[0,2]$，求：(1) $E(X-2Y)$；(2) $D(X-2Y+1)$；(3) $E[(X+Y)^2]$.

4.3 协方差和相关系数

容易发现：当随机变量 X 与 Y 相互独立时，有 $E(XY)=E(X)E(Y)$，即

$$E[X-E(X)][Y-E(Y)]=0$$

也就是说，若 $E[X-E(X)][Y-E(Y)]\neq 0$ 时，则随机变量 X 与 Y 必不相互独立，而是存在一定的联系. 为此，还需要讨论 X 与 Y 相互关系的数字特征：协方差和相关系数.

4.3.1 协方差和相关系数的概念

定义 4.3.1 若 $E[X-E(X)][Y-E(Y)]$ 存在，则称其值为随机变量 X 与 Y 的协方差，记为 $\mathrm{Cov}(X,Y)$，即

$$\mathrm{Cov}(X,Y)=E[X-E(X)][Y-E(Y)]$$

而且，当 $D(X)>0$，$D(Y)>0$ 时，称

$$\rho_{XY}=\frac{\mathrm{Cov}(X,Y)}{\sqrt{D(X)D(Y)}}$$

为随机变量 X 与 Y 的相关系数.

由协方差的定义化简可得到协方差的计算公式：

$$\mathrm{Cov}(X,Y)=E(XY)-E(X)E(Y)$$

例 4.3.1 设二维连续型随机变量(X,Y)的联合密度函数为

$$f(x,y)=\begin{cases}\dfrac{1}{8}(x+y), & 0<x<2,0<y<2\\ 0, & \text{其他}\end{cases}$$

求：(1) $D(X)$；(2) $E(Y)$；(3) $\mathrm{Cov}(X,Y)$；(4) ρ_{XY}.

解：(1) 根据期望的计算公式可得

$$E(X)=\int_{-\infty}^{+\infty}\int_{-\infty}^{+\infty}xf(x,y)\mathrm{d}x\mathrm{d}y=\int_0^2\mathrm{d}x\int_0^2 x\ \frac{1}{8}(x+y)\mathrm{d}y=\frac{7}{6}$$

$$E(X^2)=\int_{-\infty}^{+\infty}\int_{-\infty}^{+\infty}x^2f(x,y)\mathrm{d}x\mathrm{d}y=\int_0^2\mathrm{d}x\int_0^2 x^2\ \frac{1}{8}(x+y)\mathrm{d}y=\frac{5}{3}$$

$$E(XY)=\int_{-\infty}^{+\infty}\int_{-\infty}^{+\infty}xy\cdot f(x,y)\mathrm{d}x\mathrm{d}y=\int_0^2\mathrm{d}x\int_0^2 xy\ \frac{1}{8}(x+y)\mathrm{d}y=\frac{4}{3}$$

所以

$$D(X)=E(X^2)-[E(X)]^2=\frac{5}{3}-\left(\frac{7}{6}\right)^2=\frac{11}{36}$$

(2) 根据对称性可知

$$E(Y)=\frac{7}{6},\quad E(Y^2)=\frac{5}{3},\quad D(Y)=\frac{11}{36}$$

(3)
$$\mathrm{Cov}(X,Y)=E(XY)-E(X)E(Y)=-\frac{1}{36}$$

(4)
$$\rho_{XY}=\frac{\mathrm{Cov}(X,Y)}{\sqrt{D(X)D(Y)}}=\frac{-\dfrac{1}{36}}{\dfrac{11}{36}}=-\frac{1}{11}$$

4.3.2 协方差和相关系数的性质

由协方差和相关系数的定义可以证明 $\mathrm{Cov}(X,Y)$，ρ_{XY} 具有以下性质(假设涉及的协方差和相关系数均存在).(以下性质证明略)

性质 4.3.1 $\mathrm{Cov}(X,Y)=\mathrm{Cov}(Y,X)$，$\mathrm{Cov}(X,X)=D(X)$.

性质 4.3.2 $\mathrm{Cov}(aX,bY)=ab\cdot\mathrm{Cov}(X,Y)$，其中 a,b 为常数.

性质 4.3.3 $\mathrm{Cov}(X_1+X_2,Y)=\mathrm{Cov}(X_1,Y)+\mathrm{Cov}(X_2,Y)$.

性质 4.3.4 设随机变量 X 和 Y，则 $D(X\pm Y)=D(X)+D(Y)\pm 2\mathrm{Cov}(X,Y)$.

性质 4.3.5 $|\rho_{XY}|\leqslant 1$.

性质 4.3.6 $|\rho_{XY}|\leqslant 1$ 的充要条件是，存在常数 $a,b(b\neq 0)$，使得 $P(Y=a+bX)=1$.

性质 4.3.6 的结果表明，随机变量 X 与 Y 的相关系数绝对值 $|\rho_{XY}|$ 的大小反映了 X 与 Y 线性相关的程度. 当 $|\rho_{XY}|$ 较大时，X 与 Y 线性相关的程度较高；当 $|\rho_{XY}|$ 较小时，X 与 Y 线性相关的程度较低；当 $|\rho_{XY}|=1$ 时，可以认为 X 与 Y 具有线性关系. 特别地，若 $a<0$，则 $\rho_{XY}=-1$；若 $a>0$，则 $\rho_{XY}=1$.

例 4.3.2 设 X 与 Y 为随机变量，且 $E(X)=1$，$D(X)=1$，$E(Y)=2$，$D(Y)=4$，$\rho_{XY}=\dfrac{1}{2}$，记 $Z=\dfrac{X}{2}+\dfrac{Y}{3}$，求：(1) $E(Z)$；(2) $D(Z)$；(3) $\mathrm{Cov}(X,Z)$.

解：(1) 根据期望的性质可知：

$$E(Z)=E\left(\frac{X}{2}+\frac{Y}{3}\right)=\frac{1}{2}E(X)+\frac{1}{3}E(Y)=\frac{7}{6}$$

(2) 根据性质 4.3.1、性质 4.3.2 和性质 4.3.4 可知：

$$\begin{aligned}D(Z)&=D\left(\frac{X}{2}+\frac{Y}{3}\right)=D\left(\frac{X}{2}\right)+D\left(\frac{Y}{3}\right)+2\mathrm{Cov}\left(\frac{X}{2},\frac{Y}{3}\right)\\&=\frac{1}{4}D(X)+\frac{1}{9}D(Y)+\frac{1}{3}\mathrm{Cov}(X,Y)\\&=\frac{1}{4}\times 1+\frac{1}{9}\times 4+\frac{1}{3}\rho_{XY}\sqrt{D(X)}\sqrt{D(Y)}=\frac{1}{4}+\frac{4}{9}+\frac{1}{3}=\frac{37}{36}\end{aligned}$$

(3) 根据性质 4.3.3 可知：

$$\begin{aligned}\mathrm{Cov}(X,Z)&=\mathrm{Cov}\left(X,\frac{X}{2}+\frac{Y}{3}\right)=\mathrm{Cov}\left(X,\frac{X}{2}\right)+\mathrm{Cov}\left(X,\frac{Y}{3}\right)\\&=\frac{1}{2}D(X)+\frac{1}{3}\mathrm{Cov}(X,Y)=\frac{1}{2}D(X)+\frac{1}{3}\rho_{XY}\sqrt{D(X)}\sqrt{D(Y)}=\frac{5}{6}\end{aligned}$$

4.3.3 独立性与不相关性

定义 4.3.2 设随机变量 X 与 Y，若 $\rho_{XY}=0$，则称随机变量 X 与 Y 不相关.

前面讨论的独立性与不相关性是随机变量 X 与 Y 之间的两种特殊的关系，假设 ρ_{XY} 存在，则当 X 与 Y 相互独立时，由数学期望的性质 4.2.4 可知，$\mathrm{Cov}(X,Y)=0$，从而 $\rho_{XY}=0$，即 X 与 Y 不相关. 反之，若 X 与 Y 不相关，X 与 Y 却不一定相互独立. 上述情况从"不相关"和"相互独立"的含义看是明显的. 这是因为不相关只是就线性关系来说的，而相互独立是就一般关系而言的.

关于不相关性，有以下三个等价结论.

定理 4.3.1 随机变量 X 与 Y 不相关(即 $\rho_{XY}=0$)与下列结论之一等价：

(1) $\mathrm{Cov}(X,Y)=0$；

(2) $E(XY)=E(X)E(Y)$；

(3) $D(X\pm Y)=D(X)+D(Y)$.

定理 4.3.2 若随机变量 X 与 Y 相互独立，则 X 与 Y 不相关.

注：

(1) 此定理的否命题不成立，即若 X 与 Y 不相关时，X 与 Y 不一定相互独立.

(2) 在二维正态分布的场合，独立性与不相关性是一致的.(例 4.3.3 给出证明)

例 4.3.3 设二维连续型随机变量 $(X,Y)\sim N(\mu_1,\mu_2,\sigma_1^2,\sigma_2^2,\rho)$，证明：$X$ 与 Y 不相关和 X 与 Y 相互独立等价.

证明：根据例 3.3.5 可知，X 与 Y 相互独立等价于 $\rho=0$. 接下来只需要证明 $\rho_{XY}=0$(即 X 与 Y 不相关)等价于 $\rho=0$.

由于当 $(X,Y)\sim N(\mu_1,\mu_2,\sigma_1^2,\sigma_2^2,\rho)$ 时，有 $X\sim N(\mu_1,\sigma_1^2)$，$Y\sim N(\mu_2,\sigma_2^2)$，因此

$$E(X)=\mu_1,\quad E(Y)=\mu_2,\quad D(X)=\sigma_1^2,\quad D(Y)=\sigma_2^2$$

于是，X 与 Y 的协方差为

$$\begin{aligned}\mathrm{Cov}(X,Y)&=E[X-E(X)][Y-E(Y)]=E[(X-\mu_1)(Y-\mu_2)]\\&=\int_{-\infty}^{+\infty}\int_{-\infty}^{+\infty}(x-\mu_1)(y-\mu_2)f(x,y)\,\mathrm{d}x\,\mathrm{d}y=\sigma_1\sigma_2\rho\end{aligned}$$

所以，X 与 Y 的相关系数为

$$\rho_{XY}=\frac{\mathrm{Cov}(X,Y)}{\sqrt{D(X)D(Y)}}=\frac{\sigma_1\sigma_2\rho}{\sigma_1\sigma_2}=\rho$$

即 $\rho_{XY}=0$(即 X 与 Y 不相关)等价于 $\rho=0$.

综上所述,X 与 Y 不相关和 X 与 Y 相互独立等价.

习题 4.3

1. 设二维连续型随机变量(X,Y)的联合密度函数为

$$f(x,y)=\begin{cases}\dfrac{1}{4}(1+xy), & |x|<1,|y|<1\\ 0, & 其他\end{cases}$$

证明 X 与 Y 的独立性和不相关性.

2. 设二维离散型随机变量(X,Y)的联合分布律如下.

$X\backslash Y$	-1	0	1
-1	1/8	1/8	1/8
0	1/8	0	1/8
1	1/8	1/8	1/8

证明 X 与 Y 的独立性和不相关性.

3. 设二维连续型随机变量(X,Y)的联合密度函数为

$$f(x,y)=\begin{cases}1, & |y|<x,0<x<1\\ 0, & 其他\end{cases}$$

求:(1) $E(X)$;(2) $E(Y)$;(3) $\mathrm{Cov}(X,Y)$;(4) ρ_{XY},$D(X+Y)$.

复习题4

一、选择题

1. 已知随机变量 $X\sim B(n,p)$,且 $E(X)=2.4$,$D(X)=1.44$,则参数 n,p 为(　　).

A. $n=4,p=0.6$　　B. $n=6,p=0.4$

C. $n=8,p=0.3$　　D. $n=24,p=0.1$

2. 设 X 和 Y 为任意两个随机变量，且 $E(XY)=E(X)E(Y)$，则下列结论中必成立的是(　　).

A. $D(X+Y)=D(X)+D(Y)$　　B. $D(XY)=D(X)D(Y)$

C. X 与 Y 相互独立　　D. X 与 Y 不相互独立

3. 设随机变量 X 和 Y 相互独立，且 $D(X)=4$，$D(Y)=2$，则随机变量 $Z=3X-2Y$ 的方差 $D(Z)=$(　　).

A. 8　　B. 16　　C. 28　　D. 44

4. 设随机变量 X 和 Y 的方差都大于 0，则关系式 $D(X+Y)=D(X)+D(Y)$ 是随机变量 X 与 Y(　　).

A. 不相关的充分但非必要条件

B. 相互独立的充分但非必要条件

C. 不相关的充要条件

D. 相互独立的充要条件

二、填空题

1. 设 X 表示 10 次独立射击命中目标的次数，且每次命中目标的概率为 0.4，则 $E(X^2)=$________.

2. 设随机变量 $X\sim\pi(\lambda)$，且 $E[(X-1)(X-2)]=1$，则 $\lambda=$________.

3. 设随机变量 $X\sim U(-1,2)$，且 $Y=\begin{cases}1, & X>0\\ 0, & X=0\\ -1, & X<0\end{cases}$，则 $D(Y)=$________.

4. 设随机变量 X 与 Y，且 $E(X)=E(Y)=0$，$E(X^2)=E(Y^2)=2$，$\rho_{XY}=0.5$，则 $E(X^2+Y^2)=$________.

三、计算题与证明题

1. 设连续型随机变量 X 的密度函数为

$$f(x)=\begin{cases}ax, & 0<x<2\\ bx+c, & 2\leqslant x\leqslant 4\\ 0, & \text{其他}\end{cases}$$

已知 $E(X)=2,P(1<X<3)=\frac{3}{4}$,求:(1) a,b,c 的值;(2) $E(e^X)$.

2. 设连续型随机变量 X 的密度函数为

$$f(x)=\begin{cases}ax^2+bx+c, & 0<x<1\\ 0, & \text{其他}\end{cases}$$

已知 $E(X)=\frac{1}{2},D(Y)=\frac{3}{20}$,求 a,b,c 的值.

3. 设随机变量 X 与 Y 相互独立,且 $D(X)=4D(Y)$,令随机变量 $U=2X+3Y,V=2X-3Y$,求随机变量 U 与 V 的相关系数 ρ_{UV}.

4. 设随机变量 X 与 Y 相互独立,且均有有限方差,证明 $D(XY)=D(X)\cdot D(Y)+[E(X)]^2D(Y)+D(X)[E(Y)]^2$,并说明由此可得不等式 $D(XY)\geqslant D(X)\cdot D(Y)$.

5. 设 A,B 为两个事件,令随机变量 $X=\begin{cases}1, & A\text{ 发生}\\ -1, & \text{其他}\end{cases},Y=\begin{cases}1, & B\text{ 发生}\\ -1, & \text{其他}\end{cases}$.

试证明随机变量 X 与 Y 不相关的充要条件是 A 与 B 相互独立.

第 5 章

大数定律与中心极限定理

5.1 大数定律

前面提到，概率是频率的稳定值，即当随机试验的次数无限增大时，频率总在某个数附近摆动，并逼近于这个数，这个数就是概率. 这一点如何体现呢？大数定律将从理论上回答这个问题. 大数定律与中心极限定理是数理统计的基本理论，在数理统计中具有重要地位. 在介绍大数定律之前，先介绍切比雪夫(Chebyshev)不等式. 它是证明大数定律所需的预备知识，并且可以用来估计一些概率.

定理 5.1.1 设随机变量 X 的数学期望 $E(X)=\mu$，方差 $D(X)=\sigma^2$，则对于任意正数 ε，都有

$$P\{|X-\mu|\geqslant\varepsilon\}\leqslant\frac{\sigma^2}{\varepsilon^2} \tag{5.1.1}$$

证明：仅就连续型随机变量的情形进行证明，当 X 是离散型随机变量时，类似可证.

设 X 是连续型随机变量，且 X 的密度函数为 $f(x)$，则

$$P\{|X-\mu|\geqslant\varepsilon\}=\int_{|X-\mu|\geqslant\varepsilon}f(x)\mathrm{d}x\leqslant\int_{|X-\mu|\geqslant\varepsilon}\frac{|x-\mu|^2}{\varepsilon^2}f(x)\mathrm{d}x$$

$$\leqslant\frac{1}{\varepsilon^2}\int_{-\infty}^{+\infty}(x-\mu)^2f(x)\mathrm{d}x\leqslant\frac{\sigma^2}{\varepsilon^2}$$

通常称式(5.1.1)为切比雪夫不等式.

例 5.1.1 已知随机变量 X 的数学期望为 $E(X)=\mu$，方差为 $D(X)=\sigma^2$. 对于 $\varepsilon=2\sigma,3\sigma,4\sigma$，分别使用切比雪夫不等式估计概率 $P\{|X-\mu|\geqslant\varepsilon\}$.

解：由切比雪夫不等式可得

当 $\varepsilon=2\sigma$ 时，有 $P\{|X-\mu|\geqslant\varepsilon\}\leqslant\dfrac{\sigma^2}{(2\sigma)^2}=\dfrac{1}{4}$；

当 $\varepsilon=3\sigma$ 时，有 $P\{|X-\mu|\geqslant\varepsilon\}\leqslant\dfrac{\sigma^2}{(3\sigma)^2}=\dfrac{1}{9}$；

当 $\varepsilon=4\sigma$ 时，有 $P\{|X-\mu|\geqslant\varepsilon\}\leqslant\dfrac{\sigma^2}{(4\sigma)^2}=\dfrac{1}{16}$.

从例 5.1.1 可以看出，当随机变量 X 的概率分布未知时，利用它的数学期望和方差可以得到概率 $P\{|X-\mu|\geqslant\varepsilon\}$的值的粗略估计；$X$ 越远离数学期望，$\{|X-\mu|\geqslant\varepsilon\}$发生的可能性越小. 公式(5.1.1)也可以写成如下形式：

$$P\{|X-\mu|<\varepsilon\}\geqslant 1-\frac{\sigma^2}{\varepsilon^2}$$

定理 5.1.2（切比雪夫大数定律） 设随机变量序列 $X_1,X_2,\cdots,X_n,\cdots$ 且相互独立. 若数学期望 $E(X_i)=\mu_i$，方差 $D(X_i)=\sigma^2(i=1,2,\cdots,n,\cdots)$，则对于任意正数 ε，都有

$$P\left(\left|\frac{1}{n}\sum_{i=1}^{n}X_i-\mu\right|<\varepsilon\right)=1$$

证明：令 $Y_n=\dfrac{1}{n}\sum\limits_{i=1}^{n}X_i$，则

$$E(Y_n)=\frac{1}{n}\sum_{i=1}^{n}E(X_i)=\frac{1}{n}\cdot n\mu=\mu$$

$$D(Y_n)=\frac{1}{n^2}\sum_{i=1}^{n}D(X_i)=\frac{1}{n^2}\cdot n\sigma^2=\frac{\sigma^2}{n}$$

于是，由定理 5.1.1 得

$$\lim_{n\to\infty}P\left(\left|\frac{1}{n}\sum_{i=1}^{n}X_i-\mu\right|<\varepsilon\right)\geqslant 1-\frac{1}{\varepsilon^2}\cdot\frac{\sigma^2}{n}=1-\frac{\sigma^2}{n\varepsilon^2}$$

而 $P(|Y_n-\mu|<\varepsilon)\leqslant 1$，且当 $n\to\infty$ 时，$\dfrac{\sigma^2}{n\varepsilon^2}\to 0$，所以

$$\lim_{n\to\infty} P\left(\left|\frac{1}{n}\sum_{i=1}^{n} X_i - \mu\right| < \varepsilon\right) = 1$$

在此定理的条件下，当 $n\to\infty$ 时，随机变量的算术平均值接近于它的数学期望. 这从理论上说明了大量观测值的算术平均值具有稳定性，也为实际应用提供了理论依据. 我们知道，如果随机变量 X 表示 n 重伯努利试验中事件 A 发生的次数，p 为每次试验中事件 A 发生的概率，那么 X 服从二项分布，即 $X\sim B(n,p)$. 前面曾经提到，若引入随机变量

$$X_i=\begin{cases}1, & \text{第 } i \text{ 次试验中事件 } A \text{ 发生}\\ 0, & \text{第 } i \text{ 次试验中事件 } A \text{ 不发生}\end{cases},\quad i=1,2,\cdots,n$$

则 $X=\sum_{i=1}^{n} X_i$ 服从二项分布，即 $X\sim B(n,p)$；X_i 服从 0—1 分布，$X_1,X_2,\cdots,X_n$ 相互独立，且

$$E(X_i)=p,\quad D(X_i)=p(1-p),\quad i=1,2,\cdots,n$$

于是，由定理 5.1.2 有结论

$$\lim_{n\to\infty} P\left(\left|\frac{1}{n}\sum_{i=1}^{n} X_i - \mu\right| < \varepsilon\right) = 1$$

即

$$\lim_{n\to\infty} P\left(\left|\frac{X}{n} - p\right| \leqslant \varepsilon\right) = 1$$

这一结论称为伯努利大数定律. 它指出，当 n 很大时，事件 A 发生的频率与事件 A 的概率有较大偏差的可能性很小. 这从理论上严格证明了频率具有稳定性. 在实际应用中，当试验次数 n 很大时，可用事件 A 发生的频率代替事件 A 的概率. 接下来总结出伯努利大数定律的内容.

定理 5.1.3（伯努利大数定律） 设随机变量 X 是 n 重伯努利试验中事件 A 发生的次数，p 是事件 A 发生的概率，则对任给的 $\varepsilon>0$，有

$$\lim_{n\to\infty} P\left(\left|\frac{X}{n} - p\right| \leqslant \varepsilon\right) = 1$$

伯努利大数定律是切比雪夫大数定律的一个特例，接下来给出的辛钦大数定律不要求方差存在（不做证明）.

定理 5.1.4（辛钦大数定律） 设随机变量序列 $X_1,X_2,\cdots,X_n,\cdots$ 具有相同的

分布且相互独立. 若数学期望 $E(X_i)=\mu_i(i=1,2,\cdots,n,\cdots)$，则对于任意正数 ε，都有

$$\lim_{n\to\infty}P\left(\left|\frac{1}{n}\sum_{i=1}^{n}X_i-\mu\right|<\varepsilon\right)=1$$

切比雪夫大数定律在实际应用中提供了理论依据，如统计学中的参数估计，尤其是在数据分布未知或方差较大的情况下。辛钦大数定律则在概率论和数理统计的基础理论中占有重要地位，它表明在适当的条件下，随机变量的算术平均值会收敛到其期望值。

总的来说，切比雪夫大数定律更适用于方差有限但可能不同的独立随机变量序列，而辛钦大数定律则要求随机变量同分布，且应用于期望值的收敛性分析。两者都是理解随机现象和进行统计推断的重要工具。

5.2 中心极限定理

正态分布是概率论中的一个重要分布，它有着非常广泛的应用. 中心极限定理阐明，一列随机变量的总和在一定条件下渐近服从正态分布，从而可以用正态分布来估计实际中事件的概率.

定理 5.2.1 设随机变量序列 $X_1,X_2,\cdots,X_n,\cdots$ 相互独立，服从同一分布，且数学期望 $E(X_i)=\mu$，方差 $D(X_i)=\sigma^2(i=1,2,\cdots,n,\cdots)$，则对于任意实数 x，都有

$$\lim_{n\to\infty}F_n(x)=\lim_{n\to\infty}P\left(\frac{\sum_{i=1}^{n}X_i-n\mu}{\sigma\sqrt{n}}\leqslant x\right)=\int_{-\infty}^{x}\frac{1}{\sqrt{2\pi}}\mathrm{e}^{-\frac{t^2}{2}}\mathrm{d}t=\Phi(x)$$

定理 5.2.1 称为林德贝格-列维(Lindeberg-Levy)中心极限定理，又称为独立同分布的中心极限定理. 由于其证明比较复杂，在此省略. 它指出，对于满足定理条件的任意随机变量序列 $X_1,X_2,\cdots,X_n,\cdots$，其前 n 项之和 $\sum_{i=1}^{n}X_i$ 的标准化变量 $\frac{\sum_{i=1}^{n}X_i-n\mu}{\sigma\sqrt{n}}$ 的分布函数是当 $n\to\infty$ 时收敛于标准正态分布的分布函数. 换言之，

$\dfrac{\sum_{i=1}^{n} X_i - n\mu}{\sigma\sqrt{n}}$ 近似服从标准正态分布 $N(0,1)$. 于是，当 n 充分大时，$\sum_{i=1}^{n} X_i$ 近似服从正态分布 $N(n\mu, n\sigma^2)$.

一般情况下，n 个随机变量之和 $\sum_{i=1}^{n} X_i$ 的概率分布的准确形式很难获得，通过定理 5.2.1 可知，当 n 充分大时，可以利用正态分布对 $\sum_{i=1}^{n} X_i$ 做理论研究或概率的近似计算. 例如，由随机变量分布函数的性质，对于任意实数 $x_1, x_2 (x_1 < x_2)$，当 n 充分大时，都有

$$P\left(x_1 < \sum_{i=1}^{n} X_i < x_2\right) \approx \Phi\left(\frac{x_2 - n\mu}{\sqrt{n} \cdot \sigma}\right) - \Phi\left(\frac{x_1 - n\mu}{\sqrt{n} \cdot \sigma}\right)$$

例 5.2.1 设随机变量 $X_1, X_2, \cdots, X_{100}$ 相互独立，均服从泊松分布 $\pi(2)$. 若随机变量 $Y_{100} = \sum_{i=1}^{100} X_i$，求 $P(190 < Y_{100} < 210)$.

解：因为 $X_i (i=1,2,\cdots,100)$ 均服从泊松分布 $\pi(2)$，所以

$$E(X_i) = 2, \quad D(X_i) = 2, \quad i = 1,2,\cdots,100$$

由定理 5.2.1 知，Y_{100} 服从 $N(200, (10\sqrt{2})^2)$，于是

$$P(190 < Y_{100} < 210) \approx \Phi\left(\frac{210-200}{10\sqrt{2}}\right) - \Phi\left(\frac{190-200}{10\sqrt{2}}\right) \approx 2\Phi(0.71) - 1 \approx 0.5222$$

定理 5.2.2 设随机变量序列 $X_1, X_2, \cdots, X_n, \cdots$ 相互独立同分布，分布是参数为 p 的 0—1 分布，则 $\sum_{i=1}^{n} X_i \sim B(n,p)$，对于任意实数 x，都有

$$\lim_{n\to\infty} F_n(x) = \lim_{n\to\infty} P\left(\frac{\sum_{i=1}^{n} X_i - np}{\sqrt{np(1-p)}} \leqslant x\right) = \int_{-\infty}^{x} \frac{1}{\sqrt{2\pi}} \mathrm{e}^{-\frac{t^2}{2}} \mathrm{d}t = \Phi(x)$$

这个结论称为棣莫弗-拉普拉斯(De Moivre-Laplace)中心极限定理. 它是独立同分布的中心极限定理的特殊情况. 对于随机变量 $X \sim B(n,p)$，伯努利大数定律指出 $P\left(\left|\frac{X}{n} - p\right| \leqslant \varepsilon\right)$ 当 $n \to \infty$ 时趋于 1，即 $\frac{X}{n}$ 接近 p，而棣莫弗-拉普拉斯中心极限定理则给出了随机变量 X 的渐近分布的精确表述.

例 5.2.2 设在某妇产医院中生男孩的概率为 0.515，求在 10000 个新生儿中，女孩不少于男孩的概率.

解：设 X 为 10000 个新生儿中男孩的个数，并设 $X_i=\begin{cases}1, & \text{第 } i \text{ 个是男孩} \\ 0, & \text{第 } i \text{ 个是女孩}\end{cases}$，

$i=1,2,\cdots,10000$，则 $X=\sum\limits_{i=1}^{10000}X_i$，且 $X_1,X_2,\cdots,X_{10000}$ 独立同分布，并有

$$E(X_i)=0.515,\quad D(X_i)=0.515\times(1-0.515)=0.249775,\quad i=1,2,\cdots,10000$$

于是，女孩不少于男孩的概率由定理 5.2.2 可知

$$P\left(\sum_{i=1}^{n}X_i\leqslant 5000\right)\approx\Phi\left(\frac{5000-10000\times 0.515}{\sqrt{10000}\times\sqrt{0.515\times(1-0.515)}}\right)$$

$$\approx\Phi(-3)=1-0.9987=0.0013$$

复习题5

1. 设随机变量 $X\sim N(1,4)$，要求：

(1) 求 $P\{|X-E(X)|\geqslant 4\}$；

(2) 利用切比雪夫不等式求 $P\{|X-E(X)|\geqslant 4\}$的上界.

2. 已知 $P(A)=0.75$，分别用切比雪夫不等式与中心极限定理计算：

(1) 在 1000 次独立重复试验中，事件 A 发生 700～800 次的概率；

(2) n 取多大时，才能在 n 次独立重复试验中使事件 A 发生的频率为 0.74～0.76 的概率至少为 0.9？

3. 独立地掷 10 颗骰子，求掷出的点数之和为 30～40 的概率.

4. 根据某医院统计，做心脏手术后能完全康复的概率是 0.9. 试求对 100 名心脏病人做手术后有 84～95 名病人能完全康复的概率.

5. 设一飞机投弹的命中率为 0.10，试利用中心极限定理求该飞机投弹 400 次的命中次数 X 为 35～50 的概率.

第6章

数理统计初步

前面讨论了概率论的基本概念与方法,本章将介绍数理统计的基本概念与方法.数理统计是具有广泛应用的一个数学分支,它以概率论为基础,根据试验和观察得到的数据来研究随机现象.数理统计的内容涵盖收集和整理数据,对所得的数据进行分析研究,进而对研究对象某项指标的客观规律做出合理的推断.这种推断都伴随着一定的概率,以表明推断的可靠程度.这种伴随一定概率的推断称为统计推断.本章讲述统计推断的部分基本内容.

6.1 总体与随机样本

6.1.1 总体与个体

假设要研究某厂所生产的一批灯泡的平均使用寿命.由于测试灯泡的使用寿命具有破坏性,因此只能从这批灯泡中随机抽取一部分进行测试,进而根据这部分灯泡的使用寿命数据对整批灯泡的平均使用寿命做统计推断.

在数理统计学中,把研究对象某项指标的全体所构成的集合称为总体,记为X,而把构成总体的每个元素称为个体.总体X中所包含的个体的个数称为总体X的容量.容量有限的总体称为有限总体,容量无限的总体称为无限总体.当一个有限总体的容量很大时,它可近似地看成一个无限总体.例如,在考察某班全体男生的身高时,每个男生的身高就是一个个体,而全班男生的身高构成的集合就是一个总体,并且是一个有限总体;若考察某地一天24h内任一时刻的气温,则总体就是一个无限总体.总体中的每个个体实际上是随机试验的一个结果,而随机试验的结果可以用随机变量加以描述,因此总体 X 可以看成一个随机变量,而每个个体可以看成总体 X 的可能取值.

6.1.2 随机抽样和随机样本

为了了解总体的概率分布或某些数字特征(如数学期望、方差等),需要从总体中随机抽取一部分个体进行观察.这一过程称为随机抽样.而通过随机抽样所获得的这部分个体称为随机样本.

从总体 X 中随机抽取一个个体进行观察,并记录其结果.由于抽取的随机性,其结果也具有随机性,因此也可以将一个个体看作一个与总体 X 具有相同分布的随机变量 X_i;所以,从总体 X 中抽取一个个体,可以视为对总体 X(随机变量)进行一次观察.于是,在相同的条件下,对总体 X 进行 n 次独立重复观察,可以得到一个含 n 个个体的随机样本 $X_1,X_2,\cdots,X_n$.由于各次观察是在相同条件下独立进行的,因此我们有理由认为 $X_1,X_2,\cdots,X_n$ 是相互独立的,且都与总体 X 具有相同的分布.这样得到的随机样本 $X_1,X_2,\cdots,X_n$ 称为来自总体 X 的一个容量为 n 的简单随机样本.

由上述定义可知,简单随机样本 $X_1,X_2,\cdots,X_n$ 有以下两个特点:

(1) $X_1,X_2,\cdots,X_n$ 相互独立;

(2) $X_1,X_2,\cdots,X_n$ 的分布都与总体 X 的分布相同.

在本书中,如无特别说明,所提到的随机样本都指简单随机样本,简称样本.

当对总体 X 的 n 次独立重复观察一经完成,就会获得样本 $X_1,X_2,\cdots,X_n$ 的一个观察值 $X_1,X_2,\cdots,X_n$,称为样本值.

设总体 X 的分布函数为 $F(x)$,则来自总体 X 的样本 $X_1,X_2,\cdots,X_n$ 可构成一个 n 维随机变量 $(X_1,X_2,\cdots,X_n)$,它的联合分布函数为

$$\begin{aligned}F^*(x_1,x_2,\cdots,x_n)&=P(X_1\leqslant x_1,X_2\leqslant x_2,\cdots,X_n\leqslant x_n)\\&=\prod_{i=1}^{n}F(x_i)\end{aligned}$$

6.2 抽样分布

样本是进行统计推断的依据.在实际应用中,往往需针对不同的问题构造合适的样本函数,然后利用这些样本函数进行统计推断.

定义 6.2.1 设 $X_1,X_2,\cdots,X_n$ 是来自总体 X 的一个样本,g 为一个 n 元函数.如果样本函数 $g(X_1,X_2,\cdots,X_n)$ 中不含任何未知参数,则称 $g(X_1,X_2,\cdots,X_n)$ 是一个统计量.由于样本 $X_1,X_2,\cdots,X_n$ 是一组随机变量,因此统计量 $g(X_1,X_2,\cdots,X_n)$ 实际上是一个随机变量.统计量的分布称为抽样分布.如果样本 $X_1,X_2,\cdots,X_n$ 的一个观察值为 $x_1,x_2,\cdots,x_n$,那么称 $g(x_1,x_2,\cdots,x_n)$ 为统计量 $g(X_1,X_2,\cdots,X_n)$ 的观察值.

6.2.1 常用的统计量

设 $X_1,X_2,\cdots,X_n$ 是来自总体 X 的一个样本,$x_1,x_2,\cdots,x_n$ 是该样本的一个观察值.那么可以定义以下几个常用的统计量.

样本均值:

$$\overline{X}=\frac{1}{n}\sum_{i=1}^{n}X_i$$

样本方差:

$$S^2=\frac{1}{n-1}\sum_{i=1}^{n}(X_i-\overline{X})^2=\frac{1}{n-1}\left(\sum_{i=1}^{n}X_i^2-n\overline{X}^2\right)$$

样本标准差:

$$S=\sqrt{S^2}=\sqrt{\frac{1}{n-1}\sum_{i=1}^{n}(X_i-\overline{X})^2}$$

样本 k 阶(原点)矩:

$$A_k=\frac{1}{n}\sum_{i=1}^{n}X_i^k,\quad k=1,2,\cdots$$

样本 k 阶中心矩:

$$B_k=\frac{1}{n}\sum_{i=1}^{n}(X_i-\overline{X})^k,\quad k=1,2,\cdots$$

它们对应的观察值分别记为

$$\bar{x}=\frac{1}{n}\sum_{i=1}^{n}x_i,\quad s^2=\frac{1}{n-1}\sum_{i=1}^{n}(x_i-\bar{x})^2=\frac{1}{n-1}\left(\sum_{i=1}^{n}x_i^2-n\bar{x}^2\right)$$

$$s=\sqrt{s^2}=\sqrt{\frac{1}{n-1}\sum_{i=1}^{n}(x_i-\bar{x})^2},\quad a_k=\frac{1}{n}\sum_{i=1}^{n}x_i^k,\quad k=1,2,\cdots$$

$$b_k=\frac{1}{n}\sum_{i=1}^{n}(x_i-\bar{x})^k,\quad k=1,2,\cdots$$

在不至于产生混淆的情况下，这些观察值仍分别称为样本均值、样本方差、样本标准差、样本 k 阶（原点）矩、样本 k 阶中心矩.

6.2.2 三个常用的抽样分布

在数理统计中，常用的分布除正态分布外，还有以下三个抽样分布：χ^2 分布、t 分布、F 分布. 这些分布在数理统计中有着重要的应用.

1. χ^2 分布

设 $X_1,X_2,\cdots,X_n$ 是来自正态总体的一个样本，则称统计量

$$Z=X_1^2+X_2^2+\cdots+X_n^2 \tag{6.2.1}$$

服从自由度为 n 的 χ^2 分布，记为 $Z\sim\chi^2(n)$，其中自由度是指式(6.2.1)右端所含的独立随机变量的个数.

可以证明，$\chi^2(n)$分布的密度函数为

$$f(x;n)=\begin{cases}\dfrac{1}{2^{\frac{n}{2}}\Gamma\left(\dfrac{n}{2}\right)}x^{\frac{n}{2}-1}\mathrm{e}^{-\frac{x}{2}}, & x<0\\ 0, & \text{其他}\end{cases}$$

式中，

$$\Gamma(s)=\int_0^{+\infty}x^{s-1}\mathrm{e}^{-x}\mathrm{d}x,\quad s>0$$

此外，容易证明 χ^2 分布具有以下性质.

性质 6.2.1 若随机变量 $Z\sim\chi^2(n)$，则 $E(Z)=n,D(Z)=2n$.

性质 6.2.2(可加性) 若随机变量 $Z_1\sim\chi^2(n_1),Z_2\sim\chi^2(n_2)$，且 Z_1 与 Z_2 相互独立，则 $Z_1+Z_2\sim\chi^2(n_1+n_2)$.

2. *t* 分布

设随机变量 $X\sim N(0,1),Y\sim\chi^2(n)$，且 X 与 Y 相互独立，则称统计量 $T=\dfrac{X}{\sqrt{Y/n}}$服从自由度为 n 的 t 分布，记为 $T\sim t(n)$.

可以证明，$t(n)$分布的密度函数为

$$f(x)=\frac{\Gamma\left(\frac{n+1}{2}\right)}{\Gamma\left(\frac{n}{2}\right)\sqrt{n\pi}}\left(1+\frac{x^2}{n}\right)^{-\frac{n+1}{2}},\quad -\infty<x<+\infty$$

利用 Γ 函数的性质，可得

$$\lim_{n\to\infty}f(x)=\frac{1}{\sqrt{2\pi}}\mathrm{e}^{-\frac{x^2}{2}}=\varphi(x),\quad -\infty<x<+\infty$$

即当 n 足够大时，$t(n)$分布近似于标准正态分布 $N(0,1)$.

3. *F* 分布

设随机变量 $U_1\sim\chi^2(n_1),U_2\sim\chi^2(n_2)$，且 U_1 与 U_2 相互独立，则称统计量 $F=\dfrac{U_1/n_1}{U_2/n_2}$服从自由度为$(n_1,n_2)$的 F 分布，记为 $F\sim F(n_1,n_2)$.

可以证明，$F(n_1,n_2)$分布的密度函数为

$$f(x)=\begin{cases}\dfrac{\Gamma\left(\frac{n_1+n_2}{2}\right)}{\Gamma\left(\frac{n_1}{2}\right)\Gamma\left(\frac{n_2}{2}\right)}\left(\dfrac{n_1}{n_2}\right)\left(\dfrac{n_1}{n_2}x\right)^{\frac{n_1}{2}-1}\left(1+\dfrac{n_1}{n_2}x\right)^{-\frac{n_1+n_2}{2}}, & x>0\\ 0, & \text{其他}\end{cases}$$

由 F 分布的定义可知，若随机变量 $F\sim F(n_1,n_2)$，则

$$\frac{1}{F}\sim F(n_2,n_1)$$

6.2.3 正态分布下样本均值和样本方差的分布

设总体 X 的数学期望为 μ，方差为 σ^2，$X_1,X_2,\cdots,X_n$ 为来自总体 X 的一个样本，$\overline{X}$，S^2 分别为样本均值和样本方差，则容易验证

$$E(\overline{X})=\mu,\quad D(\overline{X})=\frac{\sigma^2}{n},\quad E(S^2)=\sigma^2$$

事实上，由于 $X_1,X_2,\cdots,X_n$ 相互独立，且都与总体 X 同分布，因此

$$E(X_1)=E(X_2)=\cdots=E(X_n)=E(X)=\mu$$

$$D(X_1)=D(X_2)=\cdots=D(X_n)=D(X)=\sigma^2$$

于是，有

$$E(\overline{X})=E\left(\frac{1}{n}\sum_{i=1}^{n}X_i\right)=\frac{1}{n}\sum_{i=1}^{n}E(X_i)=\frac{1}{n}n\mu=\mu$$

$$D(\overline{X})=D\left(\frac{1}{n}\sum_{i=1}^{n}X_i\right)=\frac{1}{n^2}\sum_{i=1}^{n}D(X_i)=\frac{1}{n^2}n\sigma^2=\frac{\sigma^2}{n}$$

$$\begin{aligned}E(S^2)&=E\left[\frac{1}{n-1}\left(\sum_{i=1}^{n}X_i^2-n\overline{X}^2\right)\right]\\&=\frac{1}{n-1}\left[\sum_{i=1}^{n}E(X_i^2)-nE(\overline{X}^2)\right]\\&=\frac{1}{n-1}\left(\sum_{i=1}^{n}\{D(X_i)+[E(X_i)]^2\}-n\{D(\overline{X})+[E(\overline{X})]^2\}\right)\\&=\frac{1}{n-1}\left[\sum_{i=1}^{n}(\sigma^2+\mu^2)-n\left(\frac{\sigma^2}{n}+\mu^2\right)\right]=\sigma^2\end{aligned}$$

定理 6.2.1 设 $X_1,X_2,\cdots,X_n$ 是来自正态总体 $X\sim N(\mu,\sigma^2)$ 的一个样本，$\overline{X}$ 是样本均值，则

$$\overline{X}\sim N\left(\mu,\frac{\sigma^2}{n}\right)$$

证明：由于 $X_1,X_2,\cdots,X_n$ 为相互独立的随机变量，且都服从正态分布 $N(\mu,\sigma^2)$，而样本均值为

$$\overline{X}=\frac{1}{n}\sum_{i=1}^{n}X_i$$

因此样本均值 $\overline{X}$ 仍服从正态分布. 又由于

$$E(\overline{X})=\mu,\quad D(\overline{X})=\frac{\sigma^2}{n}$$

所以

$$\overline{X}\sim N\left(\mu,\frac{\sigma^2}{n}\right)$$

定理 6.2.2 设 $X_1,X_2,\cdots,X_n$ 是来自正态总体 $X\sim N(\mu,\sigma^2)$ 的一个样本, $\overline{X},S^2$ 是样本均值和样本方差,则

(1) $\overline{X}$ 与 S^2 相互独立;

(2) $\dfrac{(n-1)S^2}{\sigma^2}\sim\chi^2(n-1)$.

定理证明略.

定理 6.2.3 设 $X_1,X_2,\cdots,X_n$ 是来自正态总体 $X\sim N(\mu,\sigma^2)$ 的一个样本, $\overline{X},S^2$ 是样本均值和样本方差,则

$$\frac{\overline{X}-\mu}{\sqrt{S^2/n}}\sim t(n-1)$$

证明:由定理 6.2.1 和定理 6.2.2 可得

$$\overline{X}\sim N\left(\mu,\frac{\sigma^2}{n}\right),\quad \frac{(n-1)S^2}{\sigma^2}\sim\chi^2(n-1)$$

从而

$$\frac{\overline{X}-\mu}{\sigma/\sqrt{n}}\sim N(0,1)$$

且上述两个统计量相互独立,于是由分布的定义得

$$\frac{\dfrac{\overline{X}-\mu}{\sigma/\sqrt{n}}}{\sqrt{\dfrac{(n-1)S^2}{\sigma^2}\Big/(n-1)}}\sim t(n-1)$$

化简可得

$$\frac{\overline{X}-\mu}{\sqrt{S^2/n}}\sim t(n-1)$$

对于两个正态总体的样本均值和样本方差,有以下定理.

定理 6.2.4 设 $X_1,X_2,\cdots,X_{n_1}$ 和 $Y_1,Y_2,\cdots,Y_{n_2}$ 分别为来自正态总体 $X\sim N(\mu_1,\sigma_1^2)$ 和 $Y\sim N(\mu_2,\sigma_2^2)$ 的两个独立的样本，记

$$\overline{X}=\frac{1}{n_1}\sum_{i=1}^{n_1}X_i,\quad \overline{Y}=\frac{1}{n_2}\sum_{i=1}^{n_2}Y_i,\quad S_1^2=\frac{1}{n_1-1}\sum_{i=1}^{n_1}(X_i-\overline{X})^2,$$

$$S_2^2=\frac{1}{n_2-1}\sum_{i=1}^{n_2}(Y_i-\overline{Y})^2$$

它们分别为两个样本对应的样本均值和样本方差，则

(1) $F=\dfrac{S_1^2}{S_2^2}\Big/\dfrac{\sigma_1^2}{\sigma_2^2}\sim F(n_1-1,n_2-1)$.

(2) 当 $\sigma_1^2=\sigma_2^2=\sigma^2$ 时，

$$T=\frac{(\overline{X}-\overline{Y})-(\mu_1-\mu_2)}{S_w\sqrt{\dfrac{1}{n_1}+\dfrac{1}{n_2}}}\sim t(n_1+n_2-2)$$

其中，

$$S_w^2=\frac{(n_1-1)S_1^2+(n_2-1)S_2^2}{n_1+n_2-2},\quad S_w=\sqrt{S_w^2}$$

证明：

(1) 由定理 6.2.2 可得

$$\frac{(n_1-1)S_1^2}{\sigma_1^2}\sim\chi^2(n_1-1),\quad \frac{(n_2-1)S_2^2}{\sigma_2^2}\sim\chi^2(n_2-1)$$

又由于两个样本相互独立，因此两个样本方差 S_1^2 与 S_2^2 也相互独立. 于是，$\dfrac{(n_1-1)S_1^2}{\sigma_1^2}$ 与 $\dfrac{(n_2-1)S_2^2}{\sigma_2^2}$ 相互独立，从而由 F 分布的定义可得

$$F=\frac{\dfrac{(n_1-1)S_1^2}{\sigma_1^2}\Big/(n_1-1)}{\dfrac{(n_2-1)S_2^2}{\sigma_2^2}\Big/(n_2-1)}\sim F(n_1-1,n_2-1)$$

化简得

$$F=\frac{S_1^2/S_2^2}{\sigma_1^2/\sigma_2^2}\sim F(n_1-1,n_2-1)$$

(2) 当时 $\sigma_1^2=\sigma_2^2=\sigma^2$，由定理 6.2.1 可得

$$\overline{X} \sim N\left(\mu_1, \frac{\sigma_1^2}{n}\right), \quad \overline{Y} \sim N\left(\mu_2, \frac{\sigma_2^2}{n}\right)$$

由于两个样本相互独立，因此 $\overline{X}$ 与 $\overline{Y}$ 相互独立，从而有

$$\overline{X}+\overline{Y} \sim N\left(\mu_1+\mu_2, \frac{\sigma_1^2}{n}+\frac{\sigma_2^2}{n}\right)$$

即

$$\frac{(\overline{X}-\overline{Y})-(\mu_1-\mu_2)}{\sigma\sqrt{\dfrac{1}{n_1}+\dfrac{1}{n_2}}} \sim N(0,1) \tag{6.2.2}$$

由定理 6.2.2 知

$$\frac{(n_1-1)S_1^2}{\sigma_1^2} \sim \chi^2(n_1-1), \quad \frac{(n_2-1)S_2^2}{\sigma_2^2} \sim \chi^2(n_2-1)$$

且它们相互独立，因此由分布的可加性知

$$\frac{(n_1-1)S_1^2}{\sigma_1^2}+\frac{(n_2-1)S_2^2}{\sigma_2^2} \sim \chi^2(n_1+n_2-2)$$

即

$$\frac{(n_1-1)S_1^2+(n_2-1)S_2^2}{\sigma^2} \sim \chi^2(n_1+n_2-2) \tag{6.2.3}$$

又由定理 6.2.2 知，式(6.2.2)和式(6.2.3)中的两个统计量相互独立，因此由 t 分布的定义可得

$$T=\frac{\dfrac{(\overline{X}-\overline{Y})-(\mu_1-\mu_2)}{\sigma\sqrt{\dfrac{1}{n_1}+\dfrac{1}{n_2}}}}{\sqrt{\dfrac{(n_1-1)S_1^2+(n_2-1)S_2^2}{\sigma^2}\Big/(n_1+n_2-2)}} \sim t(n_1+n_2-2)$$

即

$$T=\frac{(\overline{X}-\overline{Y})-(\mu_1-\mu_2)}{S_w\sqrt{\dfrac{1}{n_1}+\dfrac{1}{n_2}}} \sim t(n_1+n_2-2)$$

其中，

$$S_w^2=\frac{(n_1-1)S_1^2+(n_2-1)S_2^2}{n_1+n_2-2},\quad S_w=\sqrt{S_w^2}$$

例 6.2.1 设总体 X 服从正态分布 $N(52,6.3^2)$. 现从该总体中随机抽取一个容量为 36 的样本,求样本均值 $\overline{X}$ 落在 50.8~53.8 的概率.

解:由定理 6.2.1 知样本均值 $\overline{X}\sim N\left(52,\frac{6.3^2}{36}\right)$,因此落在 50.8~53.8 的概率为

$$\begin{aligned}P(50.8<\overline{X}<53.8)&=P\left(\frac{50.8-52}{6.3/6}<\frac{\overline{X}-52}{6.3/6}<\frac{53.8-52}{6.3/6}\right)\\&=\Phi\left(\frac{53.8-52}{6.3/6}\right)-\Phi\left(\frac{50.8-52}{6.3/6}\right)\approx\Phi(1.71)-\Phi(-1.14)\\&=\Phi(1.71)+\Phi(1.14)-1\approx 0.9564+0.8729-1\\&=0.8293\end{aligned}$$

例 6.2.2 设 X_1,X_2,X_3,X_4 为来自正态总体 $X\sim N(0,0.3^2)$的一个样本,统计量

$$Y=a(2X_1-X_2)^2+b(X_3-3X_4)^2$$

其中,a,b 为常数,试确定 a,b 的值,使统计量 Y 服从 χ^2 分布.

解:由于 X_1,X_2,X_3,X_4 为来自正态总体 $X\sim N(0,0.3^2)$的一个样本,因此 X_1,X_2,X_3,X_4 相互独立,且都服从正态分布 $N(0,0.3^2)$. 于是

$$2X_1-X_2\sim N(0,5\times 0.3^2),\quad X_3-3X_4\sim N(0,10\times 0.3^2)$$

且它们相互独立,进一步有

$$\frac{2X_1-X_2}{\sqrt{5}\times 0.3}\sim N(0,1),\quad \frac{X_3-3X_4}{\sqrt{10}\times 0.3}\sim N(0,1)$$

且它们相互独立. 由 χ^2 分布的定义得

$$\frac{2X_1-X_2}{\sqrt{5}\times 0.3}+\frac{X_3-3X_4}{\sqrt{10}\times 0.3}\sim\chi^2(2)\tag{6.2.4}$$

而由题意知,统计量

$$Y=a(2X_1-X_2)^2+b(X_3-3X_4)^2\tag{6.2.5}$$

服从 χ^2 分布,经比较式(6.2.4)和式(6.2.5)可得

$$a=\frac{1}{5\times 0.3^2}=\frac{20}{9},\quad b=\frac{1}{10\times 0.3^2}=\frac{10}{9}$$

例 6.2.3 设总体 $X \sim N(\mu,\sigma^2)$，$X_1,X_2,\cdots,X_n$ 是来自总体 X 的一个样本，$\overline{X}$ 和 S^2 分别为样本均值和样本方差，又设 $X_{n+1} \sim N(\mu,\sigma^2)$，且与 $X_1,X_2,\cdots,X_n$ 相互独立，求统计量 $\dfrac{X_{n+1}-\overline{X}}{S}\sqrt{\dfrac{n}{n+1}}$ 服从的分布.

解：由定理 6.2.1 知 $\overline{X} \sim N\left(\mu,\dfrac{\sigma^2}{n}\right)$，又知 $X_{n+1} \sim N(\mu,\sigma^2)$，且与样本 X_1，$X_2,\cdots,X_n$ 相互独立，因此 $\overline{X}$ 与 X_{n+1} 也相互独立，从而

$$X_{n+1}-\overline{X} \sim N\left(0,\sigma^2+\frac{\sigma^2}{n}\right)$$

即

$$\frac{X_{n+1}-\overline{X}}{\sigma\sqrt{\dfrac{n+1}{n}}} \sim N(0,1) \tag{6.2.6}$$

又由定理 6.2.2 知

$$\frac{(n-1)S^2}{\sigma^2} \sim \chi^2(n-1) \tag{6.2.7}$$

且 S^2 与 $\overline{X}$ 相互独立，因此式(6.2.6)和式(6.2.7)中的统计量也相互独立. 于是，由 t 分布的定义可得

$$\frac{X_{n+1}-\overline{X}}{\sigma\sqrt{\dfrac{n+1}{n}}}\Bigg/\sqrt{\frac{(n-1)S^2}{\sigma^2(n-1)}} \sim t(n-1)$$

化简得

$$\frac{X_{n+1}-\overline{X}}{S}\sqrt{\frac{n}{n+1}} \sim t(n-1)$$

例 6.2.4 已知随机变量 $X \sim t(n)$，证明 $X^2 \sim F(1,n)$.

证明：由于 $X \sim t(n)$，因此由 t 分布的定义知，必存在随机变量 Y_1,Y_2，它们相互独立，且 $Y_1 \sim N(0,1)$，$Y_2 \sim \chi^2(n)$，使得

$$X=\frac{Y_1}{\sqrt{Y_2/n}}$$

从而

$$X^2=\frac{Y_1^2/1}{Y_2/n}$$

又由于$Y_1^2\sim\chi^2(n)$,$Y_2\sim\chi^2(n)$,且它们相互独立,因此由F分布的定义可得

$$X^2\sim F(1,n)$$

习题 6.2

1. 从正态总体$X\sim N(20,3^2)$中分别抽取容量为10和15的两个独立样本,试求两个样本均值差的绝对值大于0.3的概率.

2. 设样本$X_1,X_2,\cdots,X_6$来自正态总体$X\sim N(0,1)$,统计量

$$Y=(X_1+X_2+X_3)^2+(X_4+X_5+X_6)^2$$

试确定常数c的值,使得统计量cY服从χ^2分布.

3. 设样本X_1,X_2,X_3,X_4,X_5来自正态总体$X\sim N(0,1)$,统计量

$$Y=\frac{c(X_1+X_2)}{\sqrt{X_3^2+X_4^2+X_5^2}}$$

其中,c为常数,试确定c的值,使得统计量Y服从t分布.

4. 设总体$X\sim\chi^2(m)$,$X_1,X_2,\cdots,X_n$是来自总体X的一个样本,$\overline{X}$和S^2分别为样本均值和样本方差,求:(1) $E(\overline{X})$;(2) $D(\overline{X})$;(3) $E(S^2)$.

5. 设X_1,X_2,X_3,X_4为来自正态总体$X\sim N(\mu,\sigma^2)$的一个样本,$\overline{X}$和S^2分别为样本均值和样本方差,求:(1) $E(\overline{X})$;(2) $D(\overline{X})$;(3) $E(S^2)$;(4) $D(S^2)$.

6.3 参数的点估计

参数估计是统计推断中的两大基本问题之一.参数估计又分为参数的点估计和区间估计.本节主要介绍参数的点估计的概念及基本的求解方法.

6.3.1 参数点估计的概念

参数的点估计是指在总体分布类型已知但其中一些参数未知的前提下,利用从总体中获得的样本而给出的未知参数的估计值.其一般提法如下.

设总体 X 的分布函数为 $F(x;\theta), x\in\mathbf{R}$,其中 θ 为未知参数. $X_1, X_2, \cdots, X_n$ 为来自总体 X 的一个容量是 n 的样本,$x_1, x_2, \cdots, x_n$ 为该样本的一个观测值. 如果通过某种方法构造出样本 $X_1, X_2, \cdots, X_n$ 的一个函数

$$\hat{\theta}=\theta(X_1, X_2, \cdots, X_n)$$

将其作为未知参数 θ 的估计,则称 $\hat{\theta}=\theta(X_1, X_2, \cdots, X_n)$ 为未知参数 θ 的估计量,而称 $\hat{\theta}=\theta(x_1, x_2, \cdots, x_n)$ 为未知参数的估计值.

目前,求参数的点估计的最常用的方法为矩估计法和极大似然估计法,下面就来介绍求参数点估计的这两种常用的方法.

6.3.2 矩估计法

设总体 X 的概率函数为 $f(x;\theta_1, \theta_2, \cdots, \theta_l), x\in\mathbf{R}$,其中概率函数在离散型总体和连续型总体下分别表示分布律和概率密度函数,而 $\theta_1, \theta_2, \cdots, \theta_l$ 为总体中的 l 个未知参数. 又设总体 X 的 k 阶原点矩 $\mu_k=E(X^k), k=1,2,\cdots,l$ 都存在,而 $X_1, X_2, \cdots, X_n$ 为来自总体 X 的一个样本,$x_1, x_2, \cdots, x_n$ 为该样本的一个观测值. 可以证明,当 $n\to\infty$ 时,样本的 k 阶原点矩 $A_k=\frac{1}{n}\sum_{i=1}^{n}X_i^k$ 可以用总体 X 的 k 阶原点矩 $\mu_k(k=1,2,\cdots,l)$ 来接近. 即

$$A_k\approx\mu_k, \quad k=1,2,\cdots,l$$

进一步,有

$$g(A_1, A_2, \cdots, A_l)\approx g(\mu_1, \mu_2, \cdots, \mu_l)$$

其中,g 为连续函数.

因此,可以用如下方法来求 $\theta_k(k=1,2,\cdots,l)$的估计量. 首先构建方程组

$$\begin{cases}\mu_1(\theta_1, \theta_2, \cdots, \theta_l)=A_1\\ \mu_2(\theta_1, \theta_2, \cdots, \theta_l)=A_2\\ \cdots\\ \mu_l(\theta_1, \theta_2, \cdots, \theta_l)=A_l\end{cases} \tag{6.3.1}$$

解此方程组可得其唯一解

$$\begin{cases}\hat{\theta}_1=\theta_1(X_1,X_2,\cdots,X_n)\\ \hat{\theta}_2=\theta_2(X_1,X_2,\cdots,X_n)\\ \cdots\\ \hat{\theta}_l=\theta_l(X_1,X_2,\cdots,X_n)\end{cases}$$

它们分别是未知参数 $\theta_1,\theta_2,\cdots,\theta_l$ 的估计量，称为未知参数 $\theta_1,\theta_2,\cdots,\theta_l$ 的矩估计量，记为 $\hat{\theta}_1,\hat{\theta}_2,\cdots,\hat{\theta}_l$. 这时，分别称

$$\begin{cases}\hat{\theta}_1=\theta_1(x_1,x_2,\cdots,x_n)\\ \hat{\theta}_2=\theta_2(x_1,x_2,\cdots,x_n)\\ \cdots\\ \hat{\theta}_l=\theta_l(x_1,x_2,\cdots,x_n)\end{cases}$$

为未知参数 $\theta_1,\theta_2,\cdots,\theta_l$ 的矩估计值.

例 6.3.1 设总体 $X\sim N(\mu,\sigma^2)$，其中 μ,σ^2 为未知参数. 而 $X_1,X_2,\cdots,X_n$ 为来自总体 X 的一个容量是 n 的样本，试求未知参数 μ,σ^2 的矩估计量.

解：由于 $X\sim N(\mu,\sigma^2)$，因此，$E(X)=\mu,D(X)=\sigma^2$. 于是，有

$$\mu_1=E(X)=\mu,\quad \mu_2=E(X^2)=D(X)+[E(X)]^2=\sigma^2+\mu^2$$

令 $\begin{cases}\mu_1=A_1\\ \mu_2=A_2\end{cases}$，即

$$\begin{cases}\mu=\dfrac{1}{n}\sum\limits_{i=1}^{n}X_i\\ \sigma^2+\mu^2=\dfrac{1}{n}\sum\limits_{i=1}^{n}X_i^2\end{cases}$$

解此方程组可得，μ,σ^2 矩估计量分别为

$$\begin{cases}\hat{\mu}=\dfrac{1}{n}\sum\limits_{i=1}^{n}X_i=\overline{X}\\ \hat{\sigma^2}=\dfrac{1}{n}\sum\limits_{i=1}^{n}X_i^2-\overline{X}^2=\dfrac{(n-1)}{n}S^2\end{cases}$$

例 6.3.2 设总体 $X\sim\pi(\lambda)$，其中 $\lambda>0$ 为未知参数. 而 $X_1,X_2,\cdots,X_n$ 为来自总体 X 的一个样本，试求未知参数 λ 的矩估计量.

解：由于 $X\sim\pi(\lambda)$，因此，$E(X)=\lambda$. 于是

$$\mu_1 = E(X) = \lambda$$

令 $\mu_1 = A_1$，即有

$$\lambda = \frac{1}{n}\sum_{i=1}^{n} X_i$$

因此，未知参数 λ 的矩估计量为

$$\hat{\lambda} = \frac{1}{n}\sum_{i=1}^{n} X_i = \overline{X}$$

例 6.3.3 设总体 $X \sim U(a,b)$，其中 $a<b$ 为未知参数. 而 $X_1, X_2, \cdots, X_n$ 为来自总体 X 的一个样本，试求未知参数 a,b 的矩估计量.

解：由于 $X \sim U(a,b)$，因此

$$E(X) = \frac{a+b}{2}, \quad D(X) = \frac{(b-a)^2}{12}$$

于是

$$\mu_1 = E(X) = \frac{a+b}{2}$$

$$\mu_2 = E(X^2) = D(X) + [E(X)]^2 = \frac{(b-a)^2}{12} + \left(\frac{a+b}{2}\right)^2$$

令 $\begin{cases}\mu_1 = A_1 \\ \mu_2 = A_2\end{cases}$，即

$$\begin{cases}\dfrac{a+b}{2} = \dfrac{1}{n}\displaystyle\sum_{i=1}^{n} X_i \\ \dfrac{(b-a)^2}{12} + \left(\dfrac{a+b}{2}\right)^2 = \dfrac{1}{n}\displaystyle\sum_{i=1}^{n} X_i^2\end{cases}$$

解此方程组，可得未知参数 a,b 的矩估计量

$$\begin{cases}\hat{a} = \overline{X} - \sqrt{3}S_n \\ \hat{b} = \overline{X} + \sqrt{3}S_n\end{cases}$$

其中，

$$\overline{X} = \frac{1}{n}\sum_{i=1}^{n} X_i, \quad S_n^2 = \frac{n-1}{n}S^2$$

$$S^2 = \frac{1}{n-1}\sum_{i=1}^{n}(X_i - \overline{X})^2 = \frac{1}{n-1}\left[\sum_{i=1}^{n} X_i^2 - n(\overline{X})^2\right]$$

6.3.3 极大似然估计法

极大似然估计法是求参数点估计的另一种常用的方法.它最初是由高斯(C. F. Gauss)所提出的,后来为费希尔(R. A. Fisher)于1912年重新提出.极大似然估计法是一种目前仍然得到广泛应用的求参数点估计的方法,其主要理论基础就是极大似然原理.

极大似然原理：设一个随机试验E有若干个可能结果$A,B,C,\cdots$,如果做一次随机试验E,就出现结果A,则一般认为试验条件对结果A有利,即认为在各可能结果中A发生的概率比较大,甚至最大.

下面先看一个例子。设总体X服从参数为p的0—1分布,其中$p(0<p<1)$为未知参数.又设$X_1,X_2,\cdots,X_n$为来自总体X的一个样本,$x_1,x_2,\cdots,x_n$为该样本的一个观测值.其中$x_i=0$或$1(i=1,2,\cdots,n)$.由于X的分布律为

$$P(X=x)=p^x(1-p)^{(1-x)},\quad x=0,1$$

因此,样本$(X_1,X_2,\cdots,X_n)$取到观测值$(x_1,x_2,\cdots,x_n)$的概率为

$$\begin{aligned}P(X_1=x_1,X_2=x_2,\cdots,X_n=x_n)&=\prod_{i=1}^{n}P(X=x_i)\\&=\prod_{i=1}^{n}p^{x_i}(1-p)^{(1-x_i)}\\&=p^{\sum\limits_{i=1}^{n}x_i}(1-p)^{n-\sum\limits_{i=1}^{n}x_i}\end{aligned}$$

此概率为参数p的函数,称为样本似然函数,记为$L(p)$,即

$$L(p)=p^{\sum\limits_{i=1}^{n}x_i}(1-p)^{n-\sum\limits_{i=1}^{n}x_i}$$

对总体X做一次容量为n的抽样观察中就得到观测值$x_1,x_2,\cdots,x_n$,按极大似然原理,自然认为样本$X_1,X_2,\cdots,X_n$取到这一观察值的概率应该比较大,因此我们用使$L(p)$达到最大的p值作为p的估计值是合理的.又由于函数$\ln L(p)$与$L(p)$有相同的极值点,因此根据微积分中求极值的方法,令

$$\frac{\mathrm{d}\ln L(p)}{\mathrm{d}p}=0$$

则由

$$\ln L(p)=\left(\sum_{i=1}^{n}x_i\right)\ln p+\left(n-\sum_{i=1}^{n}x_i\right)\ln(1-p)$$

有

$$\frac{\mathrm{d}\ln L(p)}{\mathrm{d}p}=\frac{1}{p}\sum_{i=1}^{n}x_i-\frac{1}{1-p}\left(n-\sum_{i=1}^{n}x_i\right)=0$$

解此方程，可得其解为 $p=\frac{1}{n}\sum_{i=1}^{n}x_i=\bar{x}\xleftrightarrow{\text{记为}}\hat{p}$，容易验证，$L(\hat{p})$ 为 $L(p)$ 的最大值，称 $\hat{p}=\bar{x}$ 为未知参数 p 的极大似然估计值. 并称对应的统计量 $\hat{p}=\frac{1}{n}\sum_{i=1}^{n}X_i=\bar{X}$ 为未知参数 p 的极大似然估计量.

一般地，关于参数的极大似然估计有如下定义.

设总体 X 为离散型随机变量，其分布律为 $P(X=x)=f(x;\theta)$，其中 $\theta\in\Theta$ 为未知参数，Θ 为允许未知参数 θ 变化的范围，称为参数空间. 又设 $X_1,X_2,\cdots,X_n$ 为来自总体 X 的一个样本，$x_1,x_2,\cdots,x_n$ 为该样本的一个观测值，则样本 $(X_1,X_2,\cdots,X_n)$ 取到观测值 $(x_1,x_2,\cdots,x_n)$ 的概率应该比较大，且此概率为

$$P(X_1=x_1,X_2=x_2,\cdots,X_n=x_n)=\prod_{i=1}^{n}P(X=x_i)=\prod_{i=1}^{n}f(x_i;\theta)$$

它是未知参数 θ 的函数，记为 $L(\theta;x_1,x_2,\cdots,x_n)$，简记为 $L(\theta)$. 即

$$L(\theta)=L(\theta;x_1,x_2,\cdots,x_n)=\prod_{i=1}^{n}f(x_i;\theta)$$

并称为样本似然函数.

同理，设总体 X 为连续型随机变量，其密度函数为 $f(x;\theta)(x\in\mathbf{R})$，其中 $\theta\in\Theta$ 为未知参数. 而 $X_1,X_2,\cdots,X_n$ 为来自总体 X 的一个样本，$x_1,x_2,\cdots,x_n$ 为该样本的一个观测值，则随机点 $(X_1,X_2,\cdots,X_n)$ 落入以点 $(x_1,x_2,\cdots,x_n)$ 为中心，边长分别为 $\mathrm{d}x_1,\mathrm{d}x_2,\cdots,\mathrm{d}x_n$ 的邻域内的概率应该比较大，且此概率近似地等于

$$\prod_{i=1}^{n}f(x_i;\theta)\mathrm{d}x_1\mathrm{d}x_2\cdots\mathrm{d}x_n$$

它是未知参数 θ 的函数，其中 $\mathrm{d}x_1,\mathrm{d}x_2,\cdots,\mathrm{d}x_n$ 为常量，于是把 $\prod_{i=1}^{n}f(x_i;\theta)$ 取为样本似然函数，记为 $L(\theta;x_1,x_2,\cdots,x_n)$，简记为 $L(\theta)$，即

$$L(\theta)=L(\theta;x_1,x_2,\cdots,x_n)=\prod_{i=1}^{n}f(x_i;\theta)$$

如果存在 $\hat{\theta}=\theta(x_1,x_2,\cdots,x_n)\in\Theta$，使得 $L(\hat{\theta})=\max\limits_{\theta\in\Theta}L(\theta)$，则称 $\hat{\theta}=\theta(x_1,x_2,\cdots,x_n)$ 为未知参数 θ 的极大似然估计值，而称统计量 $\hat{\theta}=\theta(X_1,X_2,\cdots,X_n)$ 为未知参数 θ 的极大似然估计量.

由于函数 $\ln L(\theta)$ 与 $L(\theta)$ 在参数空间 Θ 内有相同的极值点，因此当 $\ln L(\theta)$ 在参数空间 Θ 内可微时，求未知参数 θ 的极大似然估计的一般方法——极大似然估计法如下.

构建方程

$$\frac{\mathrm{d}\ln L(\theta)}{\mathrm{d}\theta}=0$$

称为对数似然方程，再解此对数似然方程，可得未知参数 θ 的极大似然估计值 $\hat{\theta}=\theta(x_1,x_2,\cdots,x_n)$，而统计量 $\hat{\theta}=\theta(X_1,X_2,\cdots,X_n)$ 即为未知参数 θ 的极大似然估计量.

上述极大似然估计法可以推广到总体 X 的概率分布中含有多个未知参数的情形. 例如，设含有未知参数 $\theta_1,\theta_2,\cdots,\theta_l$，则可构建对数似然方程组

$$\frac{\partial}{\partial\theta_i}\ln L(\theta_1,\theta_2,\cdots,\theta_l)=0,\quad i=1,2,\cdots,l$$

再解此方程组可得未知参 $\theta_1,\theta_2,\cdots,\theta_l$ 的极大似然估计值 $\hat{\theta}_1,\hat{\theta}_2,\cdots,\hat{\theta}_l$.

例 6.3.4 设总体 X 服从正态分布 $N(\mu,\sigma^2)$，其中参数 μ,σ^2 均未知，而 $X_1,X_2,\cdots,X_n$ 为来自总体 X 的一个样本，$x_1,x_2,\cdots,x_n$ 为该样本的一个观测值，试求未知参数 μ,σ^2 的极大似然估计.

解：由题意知，总体 X 的概率函数为

$$f(x;\mu,\sigma^2)=\frac{1}{\sqrt{2\pi}\sigma}\mathrm{e}^{-\frac{(x-\mu)^2}{2\sigma^2}},\quad x\in\mathbf{R}$$

因此，其样本似然函数为

$$L(\mu,\sigma^2)=L(\mu,\sigma^2;x_1,x_2,\cdots,x_n)=\prod_{i=1}^{n}f(x_i;\mu,\sigma^2)$$

$$=\prod_{i=1}^{n}\frac{1}{\sqrt{2\pi}(\sigma^2)^{\frac{1}{2}}}\mathrm{e}^{-\frac{(x_i-\mu)^2}{2\sigma^2}}=(2\pi)^{-\frac{n}{2}}(\sigma^2)^{-\frac{n}{2}}\mathrm{e}^{-\frac{1}{2\sigma^2}\sum\limits_{i=1}^{n}(x_i-\mu)^2}$$

两边取自然对数，得

$$\ln L(\mu,\sigma^2)=-\frac{n}{2}\ln(2\pi)-\frac{n}{2}\ln(\sigma^2)-\frac{1}{2\sigma^2}\sum_{i=1}^{n}(x_i-\mu)^2$$

构建对数似然方程

$$\begin{cases}\dfrac{\partial \ln L(\mu,\sigma^2)}{\partial \mu}=0\\[2ex]\dfrac{\partial \ln L(\mu,\sigma^2)}{\partial \sigma^2}=0\end{cases}$$

即有方程组

$$\begin{cases}\dfrac{1}{\sigma^2}\displaystyle\sum_{i=1}^{n}(x_i-\mu)=0\\[2ex]-\dfrac{n}{2\sigma^2}+\dfrac{1}{2(\sigma^2)^2}\displaystyle\sum_{i=1}^{n}(x_i-\mu)^2=0\end{cases}$$

解此方程组得，未知参数 μ 和 σ^2 的极大似然估计值分别为

$$\begin{cases}\hat{\mu}=\dfrac{1}{n}\displaystyle\sum_{i=1}^{n}x_i=\bar{x}\\[2ex]\hat{\sigma}^2=\dfrac{1}{n}\displaystyle\sum_{i=1}^{n}(x_i-\bar{x})^2=\dfrac{(n-1)}{n}s^2\end{cases}$$

从而未知参数 μ 和 σ^2 的极大似然估计量分别为

$$\begin{cases}\hat{\mu}=\dfrac{1}{n}\displaystyle\sum_{i=1}^{n}X_i=\bar{X}\\[2ex]\hat{\sigma}^2=\dfrac{1}{n}\displaystyle\sum_{i=1}^{n}(X_i-\bar{X})^2=\dfrac{(n-1)}{n}S^2\end{cases}$$

例 6.3.5 设总体 $X\sim\pi(\lambda)$，其中 $\lambda>0$ 为未知参数. 而 $X_1,X_2,\cdots,X_n$ 为来自总体 X 的一个样本，$x_1,x_2,\cdots,x_n$ 为该样本的一个观测值，试求未知参数 λ 的极大似然估计.

解：由题意知，总体 X 的概率函数为

$$f(x;\lambda)=\frac{\lambda^x}{x!}e^{-\lambda},\quad x=0,1,2,\cdots$$

因此，样本似然函数

$$L(\lambda)=\prod_{i=1}^{n}f(x_i;\lambda)=\prod_{i=1}^{n}\left(\frac{\lambda^{x_i}}{x_i!}\mathrm{e}^{-\lambda}\right)=\frac{\lambda^{\sum\limits_{i=1}^{n}x_i}}{x_1!\ x_2!\ \cdots x_n!}\mathrm{e}^{-n\lambda}$$

即

$$\ln L(\lambda)=\left(\sum_{i=1}^{n}x_i\right)\ln\lambda-n\lambda-\ln(x_1!x_2!\cdots x_n!)$$

于是，构建对数似然方程

$$\frac{\mathrm{d}\ln L(\lambda)}{\mathrm{d}\lambda}=\frac{1}{\lambda}\left(\sum_{i=1}^{n}x_i\right)-n=0$$

解此方程，可得未知参数 λ 的极大似然估计值为

$$\hat{\lambda}=\frac{1}{n}\sum_{i=1}^{n}x_i=\bar{x}$$

从而未知参数 λ 的极大似然估计量为

$$\hat{\lambda}=\frac{1}{n}\sum_{i=1}^{n}X_i=\overline{X}$$

例 6.3.6 设总体 $X\sim U(a,b)$，其中 $a<b$ 为未知参数. 而 $X_1,X_2,\cdots,X_n$ 为来自总体 X 的一个样本，$x_1,x_2,\cdots,x_n$ 为该样本的一个观测值，试求未知参数 a 和 b 的极大似然估计.

解：由题意知，总体 X 的概率函数为

$$f(x;a,b)=\begin{cases}\dfrac{1}{b-a}, & a\leqslant x\leqslant b\\ 0, & \text{其他}\end{cases}$$

因此，当 $a\leqslant x_1\leqslant b,a\leqslant x_2\leqslant b,\cdots,a\leqslant x_n\leqslant b$ 时，其样本似然函数为

$$L(a,b)=\prod_{i=1}^{n}f(x_i;a,b)=\frac{1}{(b-a)^n}$$

由此可知，样本似然函数 $L(a,b)$ 关于参数 a 单调递增，而关于 b 则单调递减. 因此，当 $a=\min\limits_{1\leqslant i\leqslant n}\{x_i\},b=\max\limits_{1\leqslant i\leqslant n}\{x_i\}$ 时，样本似然函数 $L(a,b)$ 取到最大值. 根据极大似然估计的定义知，未知参数 a 和 b 的极大似然估计值分别为

$$\hat{a}=\min_{1\leqslant i\leqslant n}\{x_i\}\xleftrightarrow{\text{记为}}x_{(1)}$$

$$\hat{b}=\max_{1\leqslant i\leqslant n}\{x_i\}\xleftrightarrow{\text{记为}}x_{(n)}$$

而未知参数 a 和 b 的极大似然估计量分别为

$$\hat{a}=\min_{1\leqslant i\leqslant n}\{X_i\}\xleftrightarrow{\text{记为}}X_{(1)}$$

$$\hat{b}=\max_{1\leqslant i\leqslant n}\{X_i\}\xleftrightarrow{\text{记为}}X_{(n)}$$

注：在本例中，由于

$$\frac{\partial \ln L(a,b)}{\partial a}>0,\quad \frac{\partial \ln L(a,b)}{\partial b}<0$$

因此，不能像其他例子一样通过构建似然方程组来求出未知参数 a 和 b 的极大似然估计值，进而求出未知参数 a 和 b 的极大似然估计量.

从例 6.3.1～例 6.3.6 可知，矩估计法和极大似然估计法是求未知参数点估计的两种完全不同的方法. 用矩估计法估计总体的数学期望、方差等数字特征时，不必知道总体的概率分布类型，非常简便；而用极大似然估计法估计总体概率分布中的未知参数时，总体的概率分布类型必须已知，因此当总体概率分布类型未知而要估计其数学期望值、方差时，极大似然估计法就无能为力了. 但是，对于某些总体，未知参数的矩估计量和极大似然估计量是一致的. 总之，这两种求未知参数点估计的方法都有其存在的意义，且用它们求同一未知参数的点估计时，所得结果可能相同，也可能不同.

最后，作为本节的结束，给出极大似然估计的一个性质.

设总体 X 的密度函数为 $f(x;\theta)$，$x\in\mathbf{R}$，其中 $\theta\in\Theta$ 为未知参数，又设未知参数 θ 的函数 $u=u(\theta)$ 存在单值反函数. 如果 $\hat{\theta}$ 为未知参数 θ 的极大似然估计，那么 $u=u(\theta)$ 就是函数 $\hat{u}=u(\hat{\theta})$ 的极大似然估计.

习题 6.3

1. 设总体 X 的概率密度函数为

$$f(x;\alpha)=\begin{cases}\dfrac{2}{\alpha^2}(\alpha-x), & 0<x<\alpha\\[2mm] 0, & \text{其他}\end{cases}$$

其中，$\alpha(\alpha>0)$ 为未知参数. 而 $X_1,X_2,\cdots,X_n$ 为来自总体 X 的一个样本，试求未知参数 α 的矩估计量.

2. 设总体 X 的分布律为

$$f(x;\ p)=C_m^x p^x(1-p)^{(m-x)},\quad x=0,1,2,\cdots,m$$

其中，m 已知，而 $p(0<p<1)$ 为未知参数. 又 $X_1,X_2,\cdots,X_n$ 为来自总体 X 的一个样本，$x_1,x_2,\cdots,x_n$ 为该样本的一个观测值，分别求未知参数 p 的矩估计和极大似然估计.

3. 设总体 X 的分布律为

$$f(x;\ p)=p(1-p)^{(x-1)},\quad x=1,2,\cdots$$

其中，$0<p<1$ 为未知参数. 而 $X_1,X_2,\cdots,X_n$ 为来自总体 X 的一个样本，$x_1,x_2,\cdots,x_n$ 为该样本的一个观测值，求未知参数 p 的极大似然估计.

4. 设总体 X 的概率密度函数为

$$f(x;\ \sigma)=\frac{1}{2\sigma}e^{-\frac{|x|}{\sigma}},\quad x\in\mathbf{R}$$

其中，$\sigma(\sigma>0)$ 为未知参数. 而 $X_1,X_2,\cdots,X_n$ 为来自总体 X 的一样本，$x_1,x_2,\cdots,x_n$ 为该样本的一个观测值，试求未知参数 σ 的极大似然估计.

6.4 估计量的评价标准

对于总体概率分布中的同一个未知参数，往往可以通过不同的方法对它进行估计，从而可能有多个不同的估计量. 那么，当同一未知参数有多个不同的估计量时，究竟采用哪一个估计量更好呢？为了解决这个问题，我们需要引入估计量的评价标准来对估计量的优劣进行评价. 下面将介绍三个常用的估计量的评价标准：无偏性、有效性、相合性.

6.4.1 无偏性

定义 6.4.1 设 $X_1,X_2,\cdots,X_n$ 为来自总体 X 的一个样本，$\hat{\theta}=\theta(X_1,X_2,\cdots,X_n)$ 为总体 X 的未知参数 θ 的一个估计量. 如果

$$E(\hat{\theta})=\theta,\quad \theta\in\Theta$$

其中，Θ 为参数空间；称 $\hat{\theta}=\theta(X_1,X_2,\cdots,X_n)$ 为参数 θ 的一个无偏估计量.

在科学技术中，称 $E(\hat{\theta})-\theta$ 为 $\hat{\theta}$ 作为参数 θ 的估计时的系统误差. 一个好的估计量首先应该是一个无偏估计量，即其系统误差为零.

例 6.4.1 设 $X_1,X_2,\cdots,X_n$ 为来自总体 X 的一个样本，而总体 X 的均值和方差分别为 μ 和 σ^2，证明：样本均值 $\overline{X}$ 和样本方差 S^2 分别为 μ 和 σ^2 的无偏估计量.

证明：由于

$$E(X_1)=E(X_2)=\cdots=E(X_n)=E(X)=\mu$$

因此

$$E(\overline{X})=E\left(\frac{1}{n}\sum_{i=1}^{n}X_i\right)=\frac{1}{n}\sum_{i=1}^{n}E(X_i)=\mu$$

由定义 6.4.1 可知，样本均值 $\overline{X}$ 为 μ 的一个无偏估计量.

由于

$$D(X_1)=D(X_2)=\cdots=D(X_n)=D(X)=\sigma^2$$

因此

$$E(S^2)=E\left[\frac{1}{n-1}\sum_{i=1}^{n}(X_i-\overline{X})^2\right]=\frac{1}{n-1}E\left(\sum_{i=1}^{n}X_i^2-n\overline{X}^2\right)$$

$$=\frac{1}{n-1}\left[\sum_{i=1}^{n}E(X_i^2)-nE(\overline{X})^2\right]$$

而

$$E(X_i^2)=D(X_i)+[E(X_i)]^2=\sigma^2+\mu^2,\quad i=1,2,\cdots,n$$

$$E(\overline{X})^2=D(\overline{X})+[E(\overline{X})]^2=D\left(\frac{1}{n}\sum_{i=1}^{n}X_i\right)+\mu^2=\frac{1}{n^2}\sum_{i=1}^{n}D(X_i)+\mu^2$$

$$=\frac{1}{n^2}\sum_{i=1}^{n}D(X)+\mu^2=\frac{n\sigma^2}{n^2}+\mu^2=\frac{\sigma^2}{n}+\mu^2$$

所以

$$E(S^2)=\frac{1}{n-1}\left[n(\sigma^2+\mu^2)-n\left(\frac{\sigma^2}{n}+\mu^2\right)\right]=\frac{1}{n-1}[(n\sigma^2+n\mu^2)-(\sigma^2+n\mu^2)]$$

$$=\frac{1}{n-1}(n-1)\sigma^2=\sigma^2$$

由定义 6.4.1 知，样本方差 S^2 为 σ^2 的一个无偏估计量.

一般地，设总体 X 的 k 阶原点矩

$$E(X^k)=\mu_k,\quad k=1,2,\cdots$$

存在，则可证明样本的 k 阶原点矩

$$A_k=\frac{1}{n}\sum_{i=1}^{n}X_i^k,\quad k=1,2,\cdots$$

恰为 $\mu_k(k=1,2,\cdots)$ 的无偏估计量.

例 6.4.2 设总体 X 服从参数为 $1/\theta$ 的指数分布，其中 $\theta>0$ 未知. 又，X_1，$X_2,\cdots,X_n$ 为来自总体 X 的一个样本，记 $Z=\min\limits_{1\leqslant i\leqslant n}(X_i)$，证明：样本均值 $\overline{X}$ 和 nZ 都是未知参数 θ 的无偏估计量.

证明：由于

$$E(X_1)=E(X_2)=\cdots=E(X_n)=E(X)=\theta$$

因此

$$E(\overline{X})=E\left(\frac{1}{n}\sum_{i=1}^{n}X_i\right)=\frac{1}{n}\sum_{i=1}^{n}E(X_i)=\theta$$

由定义 6.4.1 知，样本均值 $\overline{X}$ 为 θ 的一个无偏估计量.

设 $F_X(x)$，$F_{X_i}(x)$ 分别为 $X,X_i(i=1,2,\cdots,n)$ 的分布函数，则

$$F_X(x)=\begin{cases}1-\mathrm{e}^{-\frac{x}{\theta}}, & x>0\\ 0, & \text{其他}\end{cases},\quad F_{X_i}(x)=\begin{cases}1-\mathrm{e}^{-\frac{x}{\theta}}, & x>0\\ 0, & \text{其他}\end{cases},\quad i=1,2,\cdots,n$$

因此，$Z=\min\limits_{1\leqslant i\leqslant n}(X_i)$ 的分布函数为

$$F_Z(z)=P(Z\leqslant z)=P\left(\min_{1\leqslant i\leqslant n}\{X_i\}\leqslant z\right)=1-\prod_{i=1}^{n}[1-F_{X_i}(z)]$$

$$=1-[1-F_X(z)]^n=\begin{cases}1-\mathrm{e}^{-\frac{nz}{\theta}}, & z>0\\ 0, & z\leqslant 0\end{cases}$$

即 $Z=\min\limits_{1\leqslant i\leqslant n}(X_i)$ 服从参数为 n/θ 的指数分布. 于是，有

$$E(Z)=\frac{\theta}{n}$$

进一步，有

$$E(nZ)=nE(Z)=n\cdot\frac{\theta}{n}=\theta$$

由定义 6.4.1 知，nZ 也是未知参数 θ 的无偏估计量.

由此例子可知，总体的同一个未知参数不仅可能会有多个估计量，甚至无偏估计量都不止一个. 当同一个未知参数有多个无偏估计量时，又该如何评价它们的优劣呢？为此，我们提出如下有效性评价标准.

6.4.2 有效性

定义 6.4.2 设 $X_1,X_2,\cdots,X_n$ 为来自总体 X 的一个样本，$\hat{\theta}_1=\theta_1(X_1,X_2,\cdots,X_n)$和 $\hat{\theta}_2=\theta_2(X_1,X_2,\cdots,X_n)$都是总体 X 的未知参数 θ 的无偏估计量，且它们的方差都存在. 如果

$$D(\hat{\theta}_1)<D(\hat{\theta}_2)$$

则称 $\hat{\theta}_1$ 较 $\hat{\theta}_2$ 有效.

显然，同一参数的无偏估计量中方差越小越好.

例 6.4.3 试比较例 6.4.2 中两个无偏估计量哪个更有效？

解：由例 6.4.2 知，总体的方差为 $D(X)=\theta^2$，因此

$$D(\overline{X})=\frac{D(X)}{n}=\frac{\theta^2}{n} \tag{6.4.1}$$

又由例 6.4.2 知 $Z=\min\limits_{1\leqslant i\leqslant n}\{X_i\}$服从参数为 n/θ 的指数分布，因此，有

$$D(Z)=\frac{\theta^2}{n^2}$$

进一步，有

$$D(nZ)=n^2D(Z)=n^2\cdot\frac{\theta^2}{n^2}=\theta^2 \tag{6.4.2}$$

由式(6.4.1)和式(6.4.2)可知，只要样本容量 $n>1$，就有

$$D(\overline{X})=\frac{\theta^2}{n}<\theta^2=D(nZ)$$

即样本均值 $\overline{X}$ 比 nZ 更有效.

6.4.3 相合性

无偏性和有效性的评选标准都与样本容量 n 的大小无关. 而在实际应用中，随着样本容量 n 的增大，对总体 X 掌握的信息就会越多，因此，未知参数的一个好的估计量应该随着样本容量 n 的增大会越来越接近未知参数的真值. 为此，我们提出如下相合性（或一致性）的评价标准.

定义 6.4.3 设 $X_1,X_2,\cdots,X_n$ 为来自总体 X 的一个样本，$\hat{\theta}=\hat{\theta}(X_1,X_2,\cdots,X_n)$ 为总体 X 的概率分布中未知参数 θ 的一个估计量. 如果对于任意 $\varepsilon>0$，都有

$$\lim_{n\to\infty} P(|\hat{\theta}-\theta|<\varepsilon)=1$$

则称 $\hat{\theta}=\hat{\theta}(X_1,X_2,\cdots,X_n)$ 为未知参数 θ 的相合估计量（或一致估计量）.

相合性标准反映了点估计的大样本特性，即只要样本容量 n 足够大，相合估计量与未知参数的真值在概率的意义下就会无限接近，因此，相合性标准在实际应用中往往难以得到满足. 而与此相对，无偏性标准和有效性标准对样本的容量 n 没有什么要求，即不需要样本容量 n 趋于无穷大.

最后，可以证明，样本 k 阶原点矩 A_k 为总体 X 的 k 阶原点矩 μ_k 的相合估计量.

习题 6.4

1. 设总体 X 服从正态分布 $N(\mu,\sigma^2)$，其中 μ 为未知参数，$\sigma^2>0$ 为已知参数，又设 X_1,X_2 为来自总体 X 的一个样本，试证下列三个估计量都是 μ 的无偏估计量：

$$\hat{\mu}_1=\frac{1}{3}X_1+\frac{2}{3}X_2,\quad \hat{\mu}_2=\frac{1}{2}X_1+\frac{1}{2}X_2,\quad \hat{\mu}_3=\frac{2}{5}X_1+\frac{3}{5}X_2$$

并指出其中哪一个最有效.

2. 设总体 X 服从参数为 $1/\theta$ 的指数分布，其中 $\theta(\theta>0)$ 未知. 又，$X_1,X_2,\cdots,X_n$ 是来自总体 X 的一个样本，试证明样本均值 $\overline{X}=\dfrac{1}{n}\sum\limits_{i=1}^{n}X_i$ 为 θ 的无偏、相合估计量.

3. 设 $\hat{\theta}=\theta(X_1,X_2,\cdots,X_n)$ 为未知参数 θ 的无偏估计量，且 $D(\hat{\theta})>0$. 试证明 $\hat{\theta}^2$ 不是 θ^2 的无偏估计量.

4. 设 $\hat{\theta}_1$ 和 $\hat{\theta}_2$ 都是未知参数 θ 的两个相互独立的无偏估计量，且

$$D(\hat{\theta}_1)=2D(\hat{\theta}_2)$$

试求常数 a，使得估计量 $\hat{\theta}=a\hat{\theta}_1+(1-a)\hat{\theta}_2$ 是未知参数 θ 的无偏估计量，且在这类估计量中方差最小.

复习题6

一、选择题

1. 设 $X_1,X_2,\cdots,X_n$ 为来自正态总体 $X\sim N(\mu,\sigma^2)$ 的一个样本，其中 μ 已知，$\sigma(\sigma>0)$ 未知，则下列样本函数不为统计量的是(　　).

A. $\max\limits_{1\leqslant i\leqslant n}\{X_i\}$　　B. $\dfrac{\overline{X}-\mu}{\sigma/\sqrt{n}}$

C. $\dfrac{\overline{X}-\mu}{S/\sqrt{n}}$　　D. $\min\limits_{1\leqslant i\leqslant n}\{X_i\}$

2. 设 $X_1,X_2,\cdots,X_n$ 为来自正态总体 $X\sim N(\mu,\sigma^2)$ 的一个样本，又 $\overline{X}$ 和 S^2 分别为样本均值和样本方差，则下列结论中正确的是(　　).

A. $\overline{X}$ 和 S^2 不相互独立　　B. $\overline{X}$ 和 S^2 不相关

C. $\overline{X}^2=\dfrac{1}{n}\sum\limits_{i=1}^{n}X_i^2-S^2$　　D. $\dfrac{\overline{X}-\mu}{S^2}\sim F(1,n-1)$

3. 设总体 $X\sim N(\mu,\sigma^2)$，$X_1,X_2,\cdots,X_n$ 为来自总体 X 的一个样本，$\overline{X}$ 为样本均值，则概率 $P(\overline{X}<\mu)$ 的值(　　).

A. 小于$\dfrac{1}{4}$　　B. 等于$\dfrac{1}{4}$　　C. 大于$\dfrac{1}{2}$　　D. 等于$\dfrac{1}{2}$

4. 设 $X_1,X_2,\cdots,X_8$ 和 $Y_1,Y_2,\cdots,Y_{10}$ 分别为来自正态总体 $X\sim N(-1,4)$

和 $Y\sim N(2,5)$ 的两个独立样本，S_1^2 和 S_2^2 分别为它们相应的样本方差，则服从 $F(7,9)$ 分布的统计量为（　　）.

A. $\dfrac{4S_1^2}{5S_2^2}$　　B. $\dfrac{5S_1^2}{4S_2^2}$　　C. $\dfrac{4S_2^2}{5S_1^2}$　　D. $\dfrac{5S_2^2}{4S_1^2}$

5. 设 $X_1,X_2,\cdots,X_n$ 为来自正态总体 $X\sim N(\mu,\sigma^2)$ 的一个样本，又 $\overline{X}$ 和 S^2 分别为样本均值和样本方差，又设 $X_{n+1}\sim N(\mu,\sigma^2)$，且与样本 $X_1,X_2,\cdots,X_n$ 相互独立，则当 $a=$（　　）时，统计量 $\dfrac{a(\overline{X}-X_{n+1})}{S}\sim t(n-1)$.

A. $\sqrt{n}$　　B. $\sqrt{n-1}$

C. $\sqrt{\dfrac{n+1}{n}}$　　D. $\sqrt{\dfrac{n}{n+1}}$

二、填空题

1. 设 $X_1,X_2,\cdots,X_n$ 为来自正态总体 $X\sim N(\mu,\sigma^2)$ 的一个样本，又 $\overline{X}$ 和 S^2 分别为样本均值和样本方差，则 $\dfrac{\overline{X}-\mu}{\sigma/\sqrt{n}}$ 所服从的分布为________，$\dfrac{\overline{X}-\mu}{S/\sqrt{n}}$ 所服从的分布为________.

2. 设 $X_1,X_2,\cdots,X_n$ 为来自总体 $X\sim\chi^2(10)$ 的一个样本，则统计量 $Y=\sum\limits_{i=1}^{n}X_i$ 所服从的分布为________.

3. 设 $X_1,X_2,\cdots,X_n$ 为来自泊松总体 $X\sim\pi(\lambda)$ 的一个样本，则统计量 $Y=\sum\limits_{i=1}^{n}X_i$ 所服从的分布为________.

4. 设 $\overline{X}$ 和 S^2 为来自正态总体 $X\sim N(0,\sigma^2)$ 的一个样本所对应的样本均值和样本方差，其中样本容量为 n，则统计量 $\dfrac{n\overline{X}^2}{S^2}$ 所服从的分布为________.

三、计算题与证明题

1. 设正态总体 $X\sim N(25,3^2)$. 现从该总体中随机抽取一个容量为 25 的样本，求样本均值 $\overline{X}$ 落在 24.7～25.3 的概率.

2. 从正态总体 $X \sim N(\mu,\sigma^2)$ 中随机抽取一个容量为 n 的样本，其中 μ,σ^2 均为未知参数. 设 S^2 为样本方差，求：(1) $E(S^2)$；(2) $D(S^2)$.

3. 设 X_1,X_2,X_3,X_4 为来自正态总体 $X \sim N(0,1)$ 的一个样本，而统计量 $Y=(X_1+X_2)^2+(X_3+X_4)^2$，试确定常数 c，使得随机变量 cY 服从 χ^2 分布.

4. 设 $X_1,X_2,\cdots,X_{10}$ 为来自总体 $X \sim \chi^2(n)$ 的一个样本，$\overline{X}$ 和 S^2 分别为样本均值和样本方差，求：(1) $E(\overline{X})$；(2) $D(\overline{X})$；(3) $E(S^2)$.

5. 设随机变量 $X \sim t(n)$，证明 $X^2 \sim F(1,n)$.

6. 设总体 X 服从指数分布，其密度函数为

$$f(x)=\begin{cases}\dfrac{1}{\theta}\mathrm{e}^{-\frac{x}{\theta}}, & x>0\\[2mm] 0, & \text{其他}\end{cases}$$

其中，参数 $\theta>0$. 现从该总体中随机抽取一个样本 $X_1,X_2,\cdots,X_n$，证明 $\dfrac{2n\overline{X}}{\theta} \sim \chi^2(2n)$.

习题参考答案

第 1 章

习题 1.1

1. (1) 正确；(2) 正确；(3) 错误；(4) 错误；(5) 正确；(6) 正确；(7) 错误；(8) 正确；(9) 错误；(10) 错误.

2. $B_0=\overline{A}_1\overline{A}_2\overline{A}_3, B_1=A_1\overline{A}_2\overline{A}_3\cup\overline{A}_1A_2\overline{A}_3\cup\overline{A}_1\overline{A}_2A_3,$

$B_2=A_1A_2\overline{A}_3\cup A_1\overline{A}_2A_3\cup\overline{A}_1A_2A_3, B_3=A_1A_2A_3.$

3. (1) $A\cup B=\{1,2,3,5\}$；(2) $\overline{A}=\{2,4,6\}$；(3) $\overline{B}=\{4,5,6\}$；

(4) $AB=\{1,3\}$；(5) $\overline{AB}=\{2,4,5,6\}$；(6) $\overline{A\cup B}=\{4,6\}$；

(7) $\overline{A}\cup\overline{B}=\{2,4,5,6\}$；(8) $\overline{A}\overline{B}=\{4,6\}$.

4. (1) $AB\cup\overline{A}B=B$；(2) AB 与 $\overline{A}B$ 互不相容.

习题 1.2

1. $P(AB)=0.3, P(\overline{A}\overline{B})=0.2, P(\overline{A}\cup\overline{B})=0.7.$

2. 当 $A\subset B$ 时，$P(AB)$有最大值，最大值是 0.6；当 $A\cup B=\Omega$ 时，$P(AB)$有最小值，最小值是 0.3.

3. x 的最大值为 0.25.

4. $P(A-BC)=0.4.$

习题 1.3

1. 得分不少于 7 分的取法：取 1 个黑球和 3 个红球，或者取 4 个红球. 用 A 表示“得分不少于 7 分”，则

$$P(A)=\frac{C_6^1C_6^3+C_6^4}{C_{10}^4}=\frac{19}{42}$$

2. (1) 用 A 表示“每个班级各分到 1 名运动员”，则

$$P(A)=\frac{C_3^1C_{12}^4\cdot C_2^1C_8^4}{C_{15}^5C_{10}^5}=\frac{25}{91}$$

(2) 用 B 表示"3 名运动员被分到同一个班",则

$$P(B)=\frac{C_3^1C_{12}^2C_3^3\cdot C_{10}^5}{C_{15}^5C_{10}^5}=\frac{6}{91}$$

3. 用 A 表示"取到的次品不多于 1 件",则

$$P(A)=\frac{C_{95}^{50}C_5^0+C_{95}^{49}C_5^1}{C_{100}^{50}}\approx 0.181$$

4. (1) 用 A 表示"6 名学生的生日都在星期天",则 $P(A)=\frac{1}{7^6}$.

(2) 用 B 表示"6 名学生的生日都不在星期天",则 $P(B)=\frac{6^6}{7^6}$.

(3) 用 C 表示"6 名学生的生日不都在星期天",则 $P(C)=1-P(A)=1-\frac{1}{7^6}$.

5. (1) 用 A 表示"第 2 次才取得白球",A 发生表明第 1 次取得黑球,则

$$P(A)=\frac{A_4^1A_5^1}{A_9^2}=\frac{5}{18}$$

(2) 用 B 表示"第 2 次取得白球",B 发生表明第 1 次取得的可能是白球,也可能是黑球,则

$$P(B)=\frac{A_8^1A_5^1}{A_9^2}=\frac{5}{9}$$

6. (1) A 与 B 互不相容,所以 $P(B-A)=P(B)=0.5$;

(2) $A\subset B$,所以 $P(B-A)=P(B)-P(A)=0.2$;

(3) $P(AB)=0.1$,所以 $P(B-A)=P(B)-P(AB)=0.4$.

习题 1.4

1. 用 A 表示"报警系统 A 有效运行",B 表示"报警系统 B 有效运行",则由题意知 $P(A)=0.92$,$P(B)=0.93$,$P(B|\overline{A})=0.85$.

(1) 用 C 表示"A,B 两个报警系统中至少有一个有效运行",则

$$\begin{aligned}P(C)=P(A\cup B)&=1-P(\overline{A\cup B})=1-P(\overline{A}\overline{B})\\&=1-P(\overline{A})P(\overline{B}\mid\overline{A})=0.988\end{aligned}$$

(2) 用 D 表示"在 B 失灵的条件下,A 有效运行",则

$$P(D)=P(A\mid\overline{B})=1-P(\overline{A}\mid\overline{B})=1-\frac{P(\overline{A}\overline{B})}{P(\overline{B})}\approx 0.829$$

2. 用 B_i 表示"取到第 i 台车床加工的零件"$(i=1,2)$,A 表示"任取的 1 个零件为合格".

(1) $P(A)=P(B_1)P(A|B_1)+P(B_2)P(A|B_2)=0.973$.

(2) $P(B_2|\overline{A})\approx 0.25$.

3. 用 A 表示"取出的 2 个球都是白球",B 表示"取到第 i 种袋子中的球"$(i=$

1,2,3),则由全概率公式得

$$P(A)=P(B_1)P(A\mid B_1)+P(B_2)P(A\mid B_2)+P(B_3)P(A\mid B_3)=0.273$$

4. 用 A 表示"电子元件的使用寿命达到要求",B_i 表示"取到 i 类电子元件"(i=甲,乙,丙),则

$$P(A)=P(B_{甲})P(A\mid B_{甲})+P(B_{乙})P(A\mid B_{乙})+P(B_{丙})P(A\mid B_{丙})=0.872$$

5. 用 B_{ij} 表示"从甲袋中取出 i 个白球,j 个红球"($i=0,1,2$; $j=0,1,2$; $i+j=2$),A 表示"从乙袋中取出 2 个白球",则由题意得

$$P(B_{20})=\frac{1}{7},\quad P(B_{11})=\frac{4}{7},\quad P(B_{02})=\frac{2}{7}$$

$$P(A\mid B_{20})=\frac{7}{12},\quad P(A\mid B_{11})=\frac{5}{12},\quad P(A\mid B_{02})=\frac{5}{18}$$

于是,由全概率公式得

$$P(A)=P(B_{20})P(A\mid B_{20})+P(B_{11})P(A\mid B_{11})+P(B_{02})P(A\mid B_{02})=0.4008$$

习题 1.5

1. (1) 提示:只要证明 $P[(A\cup B)C]=P(A\cup B)P(C)$ 即可.事实上,

$$\begin{aligned}左边&=P[(A\cup B)C]=P(AC\cup BC)=P(AC)+P(BC)\\&=P(A)P(C)+P(B)P(C)=[P(A)+P(B)]P(C)\\&=P(A\cup B)P(C)=右边\end{aligned}$$

(2) 提示:类似于(1),只要证明 $P[(A\cup B)\bar{C}]=P(A\cup B)P(\bar{C})$ 即可.

2. 用 A_i 表示"i 车间生产的 1 件产品为次品"(i=甲,乙,丙),则 $A_{甲}$,$A_{乙}$,$A_{丙}$ 相互独立.

(1) P(恰有 2 件次品)$=P(A_{甲}A_{乙}\overline{A_{丙}}\cup A_{甲}\overline{A_{乙}}A_{丙}\cup\overline{A_{甲}}A_{乙}A_{丙})=0.0158$;

(2) P(至少有 1 件次品)$=P(A_{甲}A_{乙}A_{丙})=1-P(\overline{A_{甲}A_{乙}A_{丙}})=0.2134$.

3. 用 B_i 表示"有 i 人击中目标"($i=0,1,2,3$),又记甲、乙、丙各自击中目标的事件依次为 C_1,C_2,C_3,则 C_1,C_2,C_3 相互独立,且

$$P(B_0)=P(\overline{C_1C_2C_3})=0.09$$

$$P(B_1)=P(C_1\overline{C_2}\,\overline{C_3}\cup\overline{C_1}C_2\overline{C_3}\cup\overline{C_1}\,\overline{C_2}C_3)=0.36$$

$$P(B_2)=P(\overline{C_1}C_2C_3\cup C_1\overline{C_2}C_3\cup C_1C_2\overline{C_3})=0.41$$

$$P(B_3)=P(C_1C_2C_3)=0.14$$

设 A 表示"目标被击落",则

$$P(A\mid B_0)=0,\quad P(A\mid B_1)=0.2,\quad P(A\mid B_2)=0.6,\quad P(A\mid B_3)=1$$

$$\begin{aligned}P(A)&=P(B_0)P(A\mid B_0)+P(B_1)P(A\mid B_1)+P(B_2)P(A\mid B_2)+P(B_3)P(A\mid B_3)\\&=0.458\end{aligned}$$

4. 设甲、乙、丙各人译出密码的事件分别为 A,B,C，则 A,B,C 相互独立，且

$$P(\text{密码被译出})=1-P(\text{密码不被译出})=1-P(\overline{A}\overline{B}\overline{C})=0.6$$

本题也可以直接计算所要的概率：$P(\text{密码被译出})=P(A\cup B\cup C)$.

5. (1) $P(\overline{A}\cup B)=P(\overline{A})+P(B)-P(\overline{A})P(B)=\frac{13}{18}$.

(2) $P(\overline{A}\overline{B})=P(\overline{A\cup B})=1-P(A\cup B)=1-P(A)-P(B)=\frac{1}{2}$.

6. $P(A\cup B\cup C)=P(A)+P(B)+P(C)-P(AB)-P(BC)-P(AC)+P(ABC)=\frac{5}{8}$.

(1) $P(A,B,C\text{ 全不发生})=P(\overline{A}\overline{B}\overline{C})=1-P(A\cup B\cup C)=\frac{3}{8}$.

(2) $P(A,B,C\text{ 中恰好发生一个})=P(A\overline{B}\overline{C}\cup\overline{A}B\overline{C}\cup\overline{A}\overline{B}C)=0.5$.

复习题 1

一、选择题

1. D.　2. A.　3. B.　4. C.　5. B.　6. D.　7. A.　8. B 9. C.　10. C.

二、填空题

1. 0.7.　2. $1-(1-p)^{1/n}$.　3. 2/3,0.8.　4. 5/8.　5. 1/6.

6. 5/18.　7. 0.1536,0.9984.　8. 0.94.　9. 21/40.　10. 0.75.

三、计算题与证明题

1. 由 $x+\frac{1}{x}>50$，可解得 $x>47.91$ 或 $x<2.09$. 在 1～100 的自然数中有 55 个满足要求，则 $P\left(x+\frac{1}{x}>50\right)=0.55$.

2. (1) $P(\text{两颗骰子出现不同的点数})=\frac{C_6^1C_5^1}{C_6^1C_6^1}=\frac{5}{6}$.

(2) $P(\text{两颗骰子出现的点数之和等于 }7)=\frac{6}{C_6^1C_6^1}=\frac{1}{6}$.

(3) $P(\text{两颗骰子出现的点数之和大于 5 且小于 }9)=\frac{14}{36}$.

3. (1) $P(6\text{ 个数全不相同})=\frac{A_{10}^6}{10^6}=0.06$.

(2) $P(6\text{ 个数不包含 1 和 }10)=\frac{8^6}{10^6}=0.262$.

4. $P(A|B)=P(A|\overline{B})\Rightarrow\frac{P(AB)}{P(B)}=\frac{P(A\overline{B})}{P(\overline{B})}$

$$\Rightarrow P(AB)P(\overline{B})=P(A\overline{B})P(B)$$
$$\Rightarrow P(AB)-P(AB)P(B)=[P(A)-P(AB)]P(B)$$

$\Rightarrow P(AB)=P(A)P(B)$.

5. 用 B_i 表示"i 车间生产的产品"($i=$甲，乙，丙)，A 表示"取出的产品为次品".

(1) $P(A)=P(B_{甲})P(A|B_{甲})+P(B_{乙})P(A|B_{乙})+P(B_{丙})P(A|B_{丙})=0.405$.

(2) $P(B_{甲}|A)=\dfrac{P(B_{甲})P(A|B_{甲})}{P(A)}\approx 0.56$.

6. 用 A 表示"发送端发送 0"，B 表示"接收端收到 1"，则

$$P(A\mid B)=\frac{P(A)P(B\mid A)}{P(A)P(B\mid A)+P(\overline{A})P(B\mid \overline{A})}=0.067$$

7. 用 A 表示"至少有 2 只凑成 1 双"，则

$$P(A)=1-P(\overline{A})=\frac{13}{21}$$

8. 用 B_i 表示"取到第 i 箱中的零件"($i=1,2$)，A_i 表示"第 i 次取出的零件是一等品"($i=1,2$).

(1) P(先取出的零件是一等品)$=P(A_1)=0.4$.

(2) 所求的概率为 $P(A_2|A_1)=0.4856$.

9. 设所需的试验次数为 n."A 至少发生 1 次"的对立事件为"A 发生 0 次"，于是 $1-C_n^0\times 0.7^0\times(1-0.7)^n>0.99$，可以计算得试验次数至少为 4.

第 2 章

习题 2.1

1. (1) 有放回抽取：$P(X=k)=C_3^k\left(\frac{1}{5}\right)^k\left(\frac{4}{5}\right)^{3-k}$，$k=0,1,2,3$.

(2) 不放回抽取：$P(X=k)=\dfrac{C_2^kC_8^{3-k}}{C_{10}^3}$，$k=0,1,2$.

2. (1) X 的分布律如下.

X	2	3	4	5	6	7	8	9	10	11	12
p_k	$\frac{1}{36}$	$\frac{2}{36}$	$\frac{3}{36}$	$\frac{4}{36}$	$\frac{5}{36}$	$\frac{6}{36}$	$\frac{5}{36}$	$\frac{4}{36}$	$\frac{3}{36}$	$\frac{2}{36}$	$\frac{1}{36}$

(2) $P(X\geqslant 6|X\geqslant 3)=\dfrac{26}{35}$.

3. X 的分布律如下.

X	0	1	2	3
p_k	$\frac{1}{2}$	$\frac{1}{4}$	$\frac{1}{8}$	$\frac{1}{8}$

4. $\theta=\frac{1}{3}$.

习题 2.2

1. 设 X 为 10 件产品中一级品的件数,则所求的概率为

$$P(X\geqslant 2)=1-P(X<2)=1-P(X=0)-P(X=1)\approx 0.9983$$

2. 设 X 为 5 只这种灯泡中能使用 1500h 以上的灯泡只数,则所求的概率为

$$\begin{aligned}P(X\geqslant 3)&=P(X=3)+P(X=4)+P(X=5)\\&=C_5^3\times 0.7^3\times 0.3^2+C_5^4\times 0.7^4\times 0.3^1+C_5^5\times 0.7^5\\&\approx 0.8369\end{aligned}$$

3. 设 X 为 5 粒种子中能发芽的种子粒数.

(1) 所求的概率为 $P(X=3)=C_5^3\times 0.98^3\times 0.02^2\approx 0.003765$.

(2) 所求的概率为 $P(X\geqslant 4)=P(X=4)+P(X=5)\approx 0.9962$.

4. 设 X 为 4 次射击的命中数,因为 $P(X\geqslant 1)=1-P(X<1)=1-P(X=0)=1-(1-p)^4=\frac{80}{81}$,所以 $p=\frac{2}{3}$.

5. (1) 设 X 为 10 件产品中合格品的件数,则设 $X\sim B(10,0.9)$,所求的概率为

$$P(X=7)=C_{10}^7\times 0.9^7\times 0.1^3\approx 0.0574$$

(2) 设 Y 为 10 件产品中一级品的件数,则 $Y\sim B(10,0.72)$,则所求的概率为

$$P(Y\geqslant 8)=P(Y=8)+P(Y=9)+P(Y=10)\approx 0.4378$$

(3) 所求的概率为

$$P(Y\geqslant 8\mid Y\leqslant 9)=\frac{P(8\leqslant Y\leqslant 9)}{P(Y\leqslant 9)}=\frac{P(Y=8)+P(Y=9)}{1-P(Y=10)}\approx 0.4160$$

习题 2.3

1. 因为 $X\sim\pi(0.2)$，所以 $P(X\geqslant1)\approx0.1813$.

2. 因为 $X\sim\pi(2)$，所以 $P(X=k)=\frac{2^k}{k!}\mathrm{e}^{-2}, k=0,1,2,\cdots$.

(1) 所求的概率如下.

X	0	1	2	3	4	5	6
p_k	0.135335	0.270671	0.27067	0.180447	0.090224	0.036089	0.012030

(2) 所求的概率为 $P(X\leqslant3)\approx0.857123$.

3. 设月初应至少库存 N 百件该种商品才能保证当月不脱销的概率达到 0.99，因为 $X\sim\pi(5)$，所以 $P(X=k)=\frac{5^k}{k!}\mathrm{e}^{-5}, k=0,1,2,\cdots$，则由题意可知 $P(X\leqslant N)=1-P(X\geqslant N+1)\geqslant0.99$，则 $P(X\geqslant N+1)\leqslant0.01$.

查表可知 $P(X\geqslant12)\leqslant0.01$，所以 $N+1\geqslant12$，即 $N\geqslant11$，月初至少库存 1100 件该种商品才能保证当月不脱销的概率达到 0.99.

4. 设 X 为 10 万次生育中生三胞胎的次数，则 $X\sim B(100000,0.0001)$. 所求的概率为

$$P(X=2)=\mathrm{C}_n^2p^2(1-p)^{n-2}$$

其中，$p=0.0001$. 又 $\lambda=np=10$，所以由泊松定理得

$$P(X=2)\approx\frac{10^2}{2!}\mathrm{e}^{-10}\approx0.002270$$

习题 2.4

1. 因为 $X\sim\pi(2)$，所以 $P(X=k)=\frac{2^k}{k!}\mathrm{e}^{-2}, k=0,1,2,\cdots$，即 X 的分布律如下.

X	0	1	2	3	4	5	6	…
p_k	0.1354	0.2707	0.2707	0.1805	0.0902	0.0361	0.0120	…

则 X 的分布函数为

$$F(x)=P(X\leqslant x)=\sum_{k\leqslant x}P(X=k)=\begin{cases}0, & x<0\\ 0.1354, & 0\leqslant x<1\\ 0.4061, & 1\leqslant x<2\\ 0.6768, & 2\leqslant x<3\\ 0.8573, & 3\leqslant x<4\\ 0.9475, & 4\leqslant x<5\\ 0.9836, & 5\leqslant x<6\\ 0.9956, & 6\leqslant x<7\\ \cdots\end{cases}$$

2. (1) X 的分布函数为 $F(x)=\begin{cases}0, & x<0\\ 0.3, & 0\leqslant x<1\\ 0.5, & 1\leqslant x<2\\ 1, & x\geqslant 2\end{cases}$;

(2) $P\left(X\leqslant\frac{3}{2}\right)=\frac{1}{2}$, $P(1<X\leqslant 4)=\frac{1}{2}$, $P(1\leqslant X\leqslant 4)=0.7$.

3. X 的分布律如下.

X	-1	0	2	4
p_k	0.2	0.4	0.3	0.1

习题 2.5

1. (1) 由 $1=\int_{-\infty}^{+\infty}f(x)\mathrm{d}x=\int_{-1}^{2}kx^2\mathrm{d}x=3k$, 可知 $k=\frac{1}{3}$.

(2) X 的分布函数: $F(x)=\int_{-\infty}^{x}f(t)\mathrm{d}t=\begin{cases}0, & x<-1\\ \dfrac{x^3+1}{9}, & -1\leqslant x<2.\\ 1, & x\geqslant 2\end{cases}$

(3) $P(0<X\leqslant 1)=F(1)-F(0)=\frac{1}{9}$.

2. X 的分布函数：$F(x)=\int_{-\infty}^{x} f(t)\mathrm{d}t=\begin{cases}0, & x<0\\ \dfrac{x^2}{4}, & 0\leqslant x<1\\ \dfrac{2x-1}{4}, & 1\leqslant x<2.\\ \dfrac{6x-x^2-5}{4}, & 2\leqslant x<3\\ 1, & x\geqslant 3\end{cases}$

3. (1) 由连续型随机变量的分布函数为连续函数得 $F(0-0)=F(0+0)$，$F(1-0)=F(1+0)$，$F(2-0)=F(2+0)$，于是 $A=0,B=\dfrac{1}{2},C=2$；

(2) X 的密度函数：$f(x)=F'(x)=\begin{cases}x, & 0\leqslant x<1\\ 2-x, & 1\leqslant x<2;\\ 0, & \text{其他}\end{cases}$

(3) $P\left(X>\dfrac{1}{2}\right)=1-F\left(\dfrac{1}{2}\right)=\dfrac{7}{8}$.

4. Y 的分布律：$P(Y=k)=\mathrm{C}_3^k\left(\dfrac{1}{4}\right)^k\left(\dfrac{3}{4}\right)^{3-k}$，$k=0,1,2,3$.

5. 设河堤的高度至少为 a(单位：m). 由 $P(X\geqslant a)=0.01$，可得

$$P(X\geqslant a)=\int_a^{+\infty}\frac{2}{x^3}\mathrm{d}x=-\frac{1}{x^2}\bigg|_a^{+\infty}=\frac{1}{a^2}=0.01$$

即 $a=10\mathrm{m}$.

习题 2.6

1. 设 $X_i=\begin{cases}1, & \text{第 } i \text{ 次观测值 } X>3\\ 0, & \text{第 } i \text{ 次观测值 } X\leqslant 3\end{cases}$，$i=1,2,3$，则 X_1,X_2,X_3 相互独立，且

$$P(X_i=1)=P(X>3)=\int_3^{+\infty}f(x)\mathrm{d}x=\frac{2}{3},\quad i=1,2,3$$

其中，$f(x)$ 为 X 的密度函数，又设 Y 表示对的 3 次观测中观测值大于 3 的次数，则 $Y\sim B\left(3,\dfrac{2}{3}\right)$. 因此，所求的概率为

$$P(Y\geqslant 2)\approx 0.7407$$

2. 根据根的判别式 $\Delta\geqslant 0$ 可得 $X\geqslant 2$ 或 $X\leqslant -1$，所以所求的概率为

$$P[(X\geqslant 2)\cup(X\leqslant -1)]=0.6$$

3. 因为 $X\sim e\left(\frac{1}{5}\right)$，所以

$$P(X>10)=1-F(0)=e^{-2}$$

4. (1) 由 $1=\int_{-\infty}^{+\infty}f(x)dx=\int_{1}^{+\infty}ke^{-3(x-1)}dx=\frac{k}{3}$，可得 $k=3$.

(2) $P(1.5\leqslant X\leqslant 2)=\int_{1.5}^{2}3e^{-3(x-1)}dx=-e^{-3(x-1)}\Big|_{1.5}^{2}=e^{-1.5}-e^{-3}$.

5. 设 $X_i=\begin{cases}1, & \text{第 } i \text{ 个元件的使用寿命小于 200h}\\ 0, & \text{第 } i \text{ 个元件的使用寿命不小于 200h}\end{cases}$，$i=1,2,3$，则 X_1，X_2，X_3 相互独立，且

$$P(X_i=1)=P(X<200)=\int_{0}^{200}f(x)dx=1-e^{-\frac{1}{3}},\quad i=1,2,3$$

又设 Y 表示仪器的 3 个元件中使用寿命少于 200h 的个数，则 $Y\sim B(3,1-e^{-\frac{1}{3}})$. 所以，所求的概率为

$$P(Y\geqslant 1)=1-e^{-1}$$

习题 2.7

1. 因为 $X\sim N(0,1)$，所以

(1) $P(0.02<X<2.33)=\Phi(2.33)-\Phi(0.02)\approx 0.4821$.

(2) $P(-1.85<X<0.44)=\Phi(0.44)-\Phi(-1.85)=\Phi(0.44)+\Phi(1.85)-1\approx 0.6378$.

2. 因为 $X\sim N(10,9)$，所以

(1) $P(7<X<16)=\Phi\left(\frac{16-10}{3}\right)-\Phi\left(\frac{7-10}{3}\right)=\Phi(2)-\Phi(-1)\approx 0.8185$.

(2) 由于 $P(X<\alpha)=\Phi\left(\frac{\alpha-10}{3}\right)=0.9$，且查表知 $\Phi(1.28)\approx 0.9$，则 $\frac{\alpha-10}{3}=1.28$，即 $\alpha=13.84$.

(3) 由于

$$P(|X-\alpha|>\alpha)=P(X>2\alpha)+P(X<0)=1-\Phi\left(\frac{2\alpha-10}{3}\right)+1-\Phi\left(\frac{10}{3}\right)=0.01$$

化简得 $\Phi\left(\frac{2\alpha-10}{3}\right)=0.99$,查表知 $\Phi(2.33)\approx0.99$,则 $\frac{2\alpha-10}{3}=2.33$,即 $\alpha=8.495$.

3. 机器所生产螺栓的合格率为

$$P(10.05-0.12<X<10.05+0.12)=2\Phi(2)-1\approx0.9544$$

4. 因为 $X\sim N(2,9)$(单位：mm),则

(1) 所求的概率为 $P(|X|<5)=P(-5<X<5)=\Phi\left(\frac{5-2}{3}\right)-\Phi\left(\frac{-5-2}{3}\right)\approx0.8314$.

(2) 又设 Y 表示 3 次测量中误差小于 5 的次数,则 $Y\sim B(3,0.8314)$. 于是,所求的概率为

$$P(Y=3)=0.8314^3\approx0.575$$

(3) 所求的概率为 $1-0.1686^3\approx0.995$.

5. 由于 $X\sim N(200,15^2)$,则

(1) 所求的概率为

$$P(X>224)=1-\Phi\left(\frac{224-200}{15}\right)=1-\Phi(1.6)\approx1-0.9452=0.0548$$

(2) 所求的概率为

$$P(191<X<209)=\Phi\left(\frac{209-200}{15}\right)-\Phi\left(\frac{191-200}{15}\right)=2\Phi(0.6)-1\approx0.4514$$

(3) 化简 $P(X\leqslant\alpha)\leqslant0.25$ 可得 $\Phi\left(-\frac{\alpha-200}{15}\right)\geqslant0.75$(且 $\alpha<200$).

因为 α 最大,则 $-\frac{\alpha-200}{15}$ 需要尽量小,查附录 A 表可知 $\Phi(0.68)\geqslant0.75$,则 $\alpha\leqslant189.8$,所以 α 最大为 189.8.

习题 2.8

1. (1) $Y=6-X^2$ 的分布律如下.

$Y=6-X^2$	-3	2	5	6
p_k	$\frac{1}{16}$	$\frac{1}{4}$	$\frac{7}{16}$	$\frac{1}{4}$

(2) $Z=\max\{X+2,X^2\}$的分布律如下.

$Z=\max\{X+2,X^2\}$	1	2	3	4	9
p_k	$\frac{1}{8}$	$\frac{1}{4}$	$\frac{5}{16}$	$\frac{1}{4}$	$\frac{1}{16}$

2. (1) $Y=X^2$ 的分布律如下.

$Y=X^2$	0	1	4
p_k	0.1	0.5	0.4

(2) $Z=X^3$ 的分布律如下.

$Z=X^3$	-1	0	1	8
p_k	0.2	0.1	0.3	0.4

3. (1) 当 $a>0$ 时, $f_Y(y)=\begin{cases}\dfrac{1}{a}, & b<y<a+b\\ 0, & \text{其他}\end{cases}$; 当 $a<0$ 时, $f_Y(y)=$

$\begin{cases}-\dfrac{1}{a}, & a+b<y<b\\ 0, & \text{其他}\end{cases}$.

(2) $Z=\dfrac{X}{1+X}$的密度函数: $f_Z(z)=\begin{cases}\dfrac{1}{(1-z)^2}, & 0<z<\dfrac{1}{2}\\ 0, & \text{其他}\end{cases}$.

4. 由题意可知: $Y\sim N(0,1)$, 则 $Y=\dfrac{X-\mu}{\sigma}$的密度函数为 $f_Y(y)=\dfrac{1}{\sqrt{2\pi}}e^{-\frac{y^2}{2}}$,

$-\infty<y<+\infty$.

5. (1) $Y=|X|$的密度函数为

$$f_Y(y)=\begin{cases}3y^2, & 0<y<1\\ 0, & 其他\end{cases}$$

（2）$Z=X^2$ 的密度函数为

$$f_Z(z)=\begin{cases}\dfrac{3}{2}\sqrt{z}, & 0<z<1\\ 0, & 其他\end{cases}$$

复习题 2

一、选择题

1. B.　2. B.　3. D.　4. C.

二、填空题

1. $k=\dfrac{1}{\sqrt{2\pi e}}$.（提示：对照一般正态分布的密度函数.）

2. 利用分布函数的性质知 $\begin{cases}F(+\infty)=A+B\cdot\dfrac{\pi}{2}=1\\ F(-\infty)=A-B\cdot\dfrac{\pi}{2}=0\end{cases}$，则 $A=\dfrac{1}{2}$，$B=\dfrac{\pi}{2}$.

根据 $f(x)=F'(x)$，可得 $f(x)=\dfrac{1}{\pi(1+x^2)}$，$-\infty<x<+\infty$.

3. k 的取值范围是 $\left[\dfrac{1}{2},3\right]$.

4. 根据 $Y=\dfrac{X(3-X)}{2}$，则

$$P(Y=1)=P(X=1)+P(X=2)=C_3^1 0.4^1\times 0.6^2+C_3^2 0.4^2\times 0.6^1=0.72$$

三、计算题

1. 根据题意可知：X 的取值为 1,2,3,4，则 X 的分布律如下.

X	1	2	3	4
p_k	$\dfrac{37}{64}$	$\dfrac{19}{64}$	$\dfrac{7}{64}$	$\dfrac{1}{64}$

2. 根据题意可知：X 的取值为 1,2,3,4,5,6，则 X 的分布律如下.

X	1	2	3	4	5	6
p_k	$\frac{11}{36}$	$\frac{1}{4}$	$\frac{7}{36}$	$\frac{5}{36}$	$\frac{1}{12}$	$\frac{1}{36}$

3. 根据题意可知，X 的取值为 2，3，4，则 X 的分布律如下.

X	2	3	4
p_k	$\frac{1}{10}$	$\frac{3}{10}$	$\frac{3}{5}$

4. 0.8690.

5. (1) 一天中有油船需转走的概率为 0.142877.

(2) 设备增加到 4 套才能使每天到达该炼油厂的油船有 90% 可以得到服务.

(3) 每天到达该煤油厂的油船最可能有 1 艘或者 2 艘.

6. (1) 相邻 2 周内至少发生 3 次地震的概率为 $1-\sum_{k=0}^{2}\frac{(2\lambda)^k}{k!}e^{-2\lambda}$.

(2) 在连续 8 周不发生地震的情形下，未来 8 周中也不发生地震的概率为 $e^{-8\lambda}$.

7. $a=-\frac{3}{2}, b=\frac{7}{4}$.

8. (1) X 的密度函数：$f(x)=\begin{cases}\frac{1}{4}, & 2<x<6 \\ 0, & \text{其他}\end{cases}$.

(2) $P(0<X<3)=P(2<X<3)=\frac{3-2}{6-2}=\frac{1}{4}$.

9. 由于随机变量 $X\sim N(18,2.5^2)$，则

(1) $P(17<X<21)=\Phi\left(\frac{21-18}{2.5}\right)-\Phi\left(\frac{17-18}{2.5}\right)=\Phi(1.2)+\Phi(0.4)-1\approx 0.5403$.

(2) 根据 $P(X<k)=0.2236$，知 $k<18$，标准化得 $\Phi\left(\frac{18-k}{2.5}\right)=1-0.2236=0.7764$.

查附录 A 表知 $\Phi(0.76)=0.7764$，则 $\frac{18-k}{2.5}=0.76$，即 $k=16.1$.

(3) 由题意知 $P(X>k)=1-\Phi\left(\frac{k-18}{2.5}\right)\geqslant 0.1814\Rightarrow\Phi\left(\frac{k-18}{2.5}\right)\leqslant 0.8186$,查附录A表得 $\Phi(0.91)=0.8186$,即$\frac{k-18}{2.5}\leqslant 0.91$,则 $k\leqslant 20.275$,k 的最大值为 20.275.

10. σ 最大为 31.13.

11. (1) 选择公共汽车车门的高度 $h=183.98$,能使成年男乘客与车门碰头的机会小于 0.01.

(2) 若公共汽车车门的高度为 182cm,求 100 位成年男乘客中与车门碰头的乘客不多于 2 位的概率为 0.6005.

12. 录取分数线应为 512 分.

13. $f_Y(y)=\begin{cases}\dfrac{2}{\pi\sqrt{1-y^2}}, & 0<y<1\\ 0, & 其他\end{cases}$.

第 3 章

习题 3.1

1. (1) 有放回抽取情况下,(X,Y)的联合分布律如下.

$X\backslash Y$	0	1
0	$\frac{4}{25}$	$\frac{6}{25}$
1	$\frac{6}{25}$	$\frac{9}{25}$

(2) 无放回抽取情况下,(X,Y)的联合分布律如下.

X\Y	0	1
0	$\frac{1}{10}$	$\frac{3}{10}$
1	$\frac{3}{10}$	$\frac{3}{10}$

2. (X,Y)的联合分布律如下.

X\Y	1	2	3	4
1	1/4	0	0	0
2	1/8	1/8	0	0
3	1/12	1/12	1/12	0
4	1/16	1/16	1/16	1/16

3. (1) $\alpha=0.14$；(2) $P(X\leqslant1,Y\leqslant1)=0.74$；(3) $P(X<1,Y\leqslant1)=0.30$.

4. (X,Y)的联合分布律如下.

X\Y	0	1	2
0	49/400	49/200	49/400
1	21/200	21/100	21/200
2	9/400	9/200	9/400

5. (1) $k=6$.

(2) (X,Y)的联合分布函数 $F(x,y)=\begin{cases}(1-e^{-3x})(1-e^{-2y}), & x>0,y>0\\ 0, & 其他\end{cases}$.

(3) $P(3X+2Y\geqslant6)=7e^{-6}$.

习题 3.2

1. (X,Y)关于 X 的边缘分布函数为

$$F_X(x)=\begin{cases}1-e^{-2x}, & x>0\\ 0, & 其他\end{cases}$$

(X,Y)关于 Y 的边缘分布函数为

$$F_Y(y)=\begin{cases}1-e^{-y}, & y>0\\ 0, & 其他\end{cases}$$

2. (X,Y)关于 X 的边缘分布律如下.

X	1	2	3	4
$p_{i\cdot}$	$\frac{25}{48}$	$\frac{13}{48}$	$\frac{7}{48}$	$\frac{3}{48}$

(X,Y)关于 Y 的边缘分布律如下.

Y	1	2	3	4
$p_{\cdot j}$	$\frac{1}{4}$	$\frac{1}{4}$	$\frac{1}{4}$	$\frac{1}{4}$

3. (X,Y)关于 X 的边缘分布律如下.

X	0	1
$p_{i\cdot}$	$\frac{1}{2}$	$\frac{1}{2}$

(X,Y)关于 Y 的边缘分布律如下.

X	0	1	2
$p_{\cdot j}$	$\frac{24}{50}$	$\frac{13}{50}$	$\frac{13}{50}$

4. (1) (X,Y)联合分布律如下.

$X\backslash Y$	0	$\frac{1}{3}$	1
-1	0	0	$\frac{1}{6}$
0	$\frac{1}{3}$	0	0
1	0	$\frac{1}{4}$	0
2	$\frac{1}{12}$	$\frac{1}{6}$	0

(2) (X,Y)关于 X 的边缘分布律如下.

X	-1	0	1	2
$p_{i\cdot}$	$\frac{1}{6}$	$\frac{1}{3}$	$\frac{1}{4}$	$\frac{1}{4}$

(X,Y)关于 Y 的边缘分布律如下.

Y	0	$\frac{1}{3}$	1
$p_{\cdot j}$	$\frac{5}{12}$	$\frac{5}{12}$	$\frac{1}{6}$

5. (X,Y)关于 X 的边缘密度函数为

$$f_X(x)=\begin{cases}6(x-x^2), & 0\leqslant x\leqslant 1\\ 0, & \text{其他}\end{cases}$$

(X,Y)关于 Y 的边缘密度函数为

$$f_Y(y)=\begin{cases}6(\sqrt{y}-y), & 0\leqslant y\leqslant 1\\ 0, & \text{其他}\end{cases}$$

6. (1) $k=\frac{21}{4}$.

(2) (X,Y)关于 X 的边缘密度函数为

$$f_X(x)=\begin{cases}\frac{21}{8}x^2(1-x^4), & -1\leqslant x\leqslant 1\\ 0, & \text{其他}\end{cases}$$

(X,Y)关于 Y 的边缘密度函数为

$$f_Y(y)=\begin{cases}\frac{7}{2}y^{\frac{5}{2}}, & 0\leqslant y\leqslant 1\\ 0, & \text{其他}\end{cases}$$

7. (X,Y)关于 X 的边缘密度函数为

$$f_X(x)=\begin{cases}x\mathrm{e}^{-x}, & 0<x<1\\ 0, & \text{其他}\end{cases}$$

(X,Y)关于 Y 的边缘密度函数为

$$f_Y(y)=\begin{cases}\mathrm{e}^{-y}-\mathrm{e}^{-1}, & 0<y<1\\ 0, & \text{其他}\end{cases}$$

习题 3.3

1. 由于(X,Y)关于X和关于Y的边缘密度函数分别为

$$f_X(x)=\begin{cases}2x, & 0<x<1\\ 0, & \text{其他}\end{cases},\quad f_Y(y)=\begin{cases}2y, & 0<y<1\\ 0, & \text{其他}\end{cases}$$

则$f(x,y)=f_X(x)\cdot f_Y(y)$,即随机变量$X$与$Y$相互独立.

2. (1) (X,Y)的联合密度函数为

$$f(x,y)=\begin{cases}2\mathrm{e}^{-2x}, & x>0,0<y<1\\ 0, & \text{其他}\end{cases}$$

(2) $P(X+Y\leqslant 1)=\dfrac{1}{2}\left(1+\dfrac{1}{\mathrm{e}^2}\right)$.

3. 当$\alpha=0.09,\beta=0.14$时,则随机变量X与Y相互独立.

4. (1) 由于(X,Y)关于X和关于Y的边缘密度函数分别为

$$f_X(x)=\begin{cases}\dfrac{2}{\pi}\sqrt{1-x^2}, & -1<x<1\\ 0, & \text{其他}\end{cases},\quad f_Y(y)=\begin{cases}\dfrac{2}{\pi}\sqrt{1-y^2}, & -1<y<1\\ 0, & \text{其他}\end{cases}$$

则$f(x,y)\neq f_X(x)\cdot f_Y(y)$,即随机变量$X$与$Y$不独立.

(2) 由于(X,Y)关于X和关于Y的边缘密度函数分别为

$$f_X(x)=\begin{cases}\dfrac{1}{b-a}, & a<x<b\\ 0, & \text{其他}\end{cases},\quad f_Y(y)=\begin{cases}\dfrac{1}{d-c}, & c<y<d\\ 0, & \text{其他}\end{cases}$$

则$f(x,y)=f_X(x)\cdot f_Y(y)$,即随机变量$X$与$Y$相互独立.

5. 因为z的二次方程$Xz^2+z+Y=0$有实根等价于$\Delta\geqslant 0$,即

$$\Delta=1^2-4XY=1-4XY\geqslant 0\Rightarrow XY\leqslant\frac{1}{4}$$

因为X与Y相互独立,则

$$f(x,y)=f_X(x)\cdot f_Y(y)=\begin{cases}1, & 0<x<1,0<y<1\\ 0, & \text{其他}\end{cases}$$

故所求的概率为$P\left(XY\leqslant\dfrac{1}{4}\right)=1-P\left(XY\geqslant\dfrac{1}{4}\right)=1-\int_{\frac{1}{4}}^{1}\mathrm{d}x\int_{\frac{1}{4x}}^{1}1\mathrm{d}y=\dfrac{1}{4}(1+2\ln 2)$.

习题 3.4

1. (1) $Z_1=X+Y$ 的分布律如下.

Z_1	-2	-1	0	1	2	3
p_k	$\frac{4}{20}$	$\frac{3}{20}$	$\frac{4}{20}$	$\frac{6}{20}$	$\frac{2}{20}$	$\frac{1}{20}$

(2) $Z_2=\max\{X,Y\}$的分布律如下.

Z_2	-1	0	1	2
p_k	$\frac{4}{20}$	$\frac{3}{20}$	$\frac{6}{20}$	$\frac{7}{20}$

(3) $Z_3=\min\{X,Y\}$的分布律如下.

Z_3	-1	0	1
p_k	$\frac{17}{20}$	0	$\frac{3}{20}$

2. (X,Y)的联合密度函数如下.

$$f(x,y)=\begin{cases}6\mathrm{e}^{-(3x+2y)}, & x>0,y>0\\ 0, & \text{其他}\end{cases}$$

3. 随机变量 $Z=X+Y$ 的密度函数如下.

$$f_Z(z)=\begin{cases}1-\mathrm{e}^{-z}, & 0<z<1\\ \mathrm{e}^{1-z}-\mathrm{e}^{-z}, & z\geqslant 1\\ 0, & z\leqslant 0\end{cases}$$

复习题 3

一、选择题

1. C.　2. B.　3. D.

二、填空题

1. $P(X_1=X_2)=0$.　2. $P(X+Y\leqslant 1)=\frac{1}{4}$.

3. $P[(X>1)\cup(Y>1)]=\frac{1}{2}$　4. $\alpha=\frac{1}{8}$.

三、计算题

1. 二维随机变量(X,Y)的联合分布律如下.

$X\backslash Y$	0	1
0	$\frac{2}{3}$	$\frac{1}{12}$
1	$\frac{1}{6}$	$\frac{1}{12}$

2. (1) $F\left(2,\frac{1}{2}\right)=\frac{1}{5}$.

(2) (X,Y)分别关于X和关于Y的边缘分布律如下.

X	0	1
$p_{i\cdot}$	$\frac{1}{5}$	$\frac{4}{5}$

Y	0	1
$p_{\cdot j}$	$\frac{1}{5}$	$\frac{4}{5}$

(3) X与Y相互独立.

3. X和Y中至少有一个小于1的概率为$\frac{3}{4}$.

4. (1) 求(X,Y)分别关于X和关于Y的边缘密度函数为

$$f_X(x)=\begin{cases}\frac{x}{2}, & 0\leqslant x\leqslant 2\\ 0, & \text{其他}\end{cases},\quad f_Y(y)=\begin{cases}3y^2, & 0\leqslant y\leqslant 1\\ 0, & \text{其他}\end{cases}$$

(2) X与Y相互独立.

第 4 章

习题 4.1

1. $E(X)=\int_{-\infty}^{+\infty} x f(x) \mathrm{d}x=\int_0^1 x \frac{6}{5} x(x+1) \mathrm{d}x=\frac{7}{10}$.

2. $a=\mathrm{e}^{-\lambda}, b=\lambda$.

3. (1) $E(X)=-0.4$；(2) $E(X^2)=1$；(3) $E[(X-1)^2]=2.8$.

4. (1) $E(3X)=3$；(2) $E(\mathrm{e}^{-3X})=\frac{1}{4}$.

5. $\alpha=0.15, \beta=0.25$.

习题 4.2

1. (1) $A=\frac{2}{\pi}$；(2) $E(X)=0$；(3) $D(X)=\frac{4}{\pi}-1$.

2. (1) $E(X)=\frac{2}{5}$；(2) $E(Y)=\frac{4}{5}$；(3) $D(X)=\frac{1}{25}$；(4) $D(Y)=\frac{4}{5}$；(5) $E(XY)=\frac{4}{15}$.

3. (1) $E(X-2Y)=-2$；(2) $D(X-2Y+1)=\frac{7}{3}$；(3) $E[(X+Y)^2]=\frac{7}{3}$.

习题 4.3

1. X 与 Y 不相互独立，X 与 Y 不相关.

2. X 与 Y 不相互独立，X 与 Y 不相关.

3. (1) $E(X)=\frac{2}{3}$；(2) $E(Y)=0$；(3) $\mathrm{Cov}(X,Y)=0$；(4) $\rho_{XY}=0$；(5) $D(X+Y)=\frac{2}{9}$.

复习题 4

一、选择题

1. B.　2. A.　3. D.　4. C.

二、填空题

1. $E(X^2)=18.4$.　2. $\lambda=1$.　3. $D(Y)=\frac{8}{9}$.　4. $E(X^2+Y^2)=6$.

三、计算题与证明题

1. (1) $a=\frac{1}{4},b=-\frac{1}{4},c=1$；(2) $E(\mathrm{e}^X)=\frac{1}{4}(\mathrm{e}^2-1)^2$.

2. $a=12,b=-12,c=3$.

3. $\rho_{UV}=\frac{7}{25}$.

4. 略.

5. 略.

第 5 章

复习题 5

1. (1) $P[|X-E(X)|\geqslant 4]=0.0456$.

(2) 利用切比雪夫不等式求 $P[|X-E(X)|\geqslant 4]$的上界为 0.25.

2. (1) 0.925,0.9996；(2) 18750,5074.

3. 掷出的点数之和的范围是 30～40 的概率为 0.6476.

4. 对 100 名心脏病人做手术后有 84～95 名病人能完全康复的概率为 0.9297.

5. 0.7492.

第 6 章

习题 6.2

1. 0.8065.

2. $c=\frac{1}{3}$.

3. $c=\frac{\sqrt{6}}{2}$.

4. (1) $E(\overline{X})=m$；(2) $D(\overline{X})=\frac{2m}{n}$；(3) $E(S^2)=2m$.

5. (1) $E(\overline{X})=\mu$；(2) $D(\overline{X})=\frac{\sigma^2}{n}$；(3) $E(S^2)=\sigma^2$；(4) $D(S^2)=\frac{2\sigma^4}{n-1}$.

习题 6.3

1. 参数 α 的矩估计量为 $\hat{\alpha}=3\overline{X}$.

2. p 的矩估计值和极大似然估计值均为 $\hat{p}=\frac{\bar{x}}{m}$，矩估计量和极大似然估计量均为 $\hat{p}=\frac{\overline{X}}{m}$.

3. p 的极大似然估计值为 $\hat{p}=\frac{1}{\bar{x}}$，极大似然估计量为 $\hat{p}=\frac{1}{\overline{X}}$.

4. σ 的极大似然估计值为 $\hat{\sigma}=\frac{1}{n}\sum_{i=1}^{n}|x_i|$，极大似然估计量为 $\hat{\sigma}=\frac{1}{n}\sum_{i=1}^{n}|X_i|$.

习题 6.4

1. 提示：利用无偏性及有效性的定义可证.

2. 提示：利用无偏性及相合性的定义可证.

3. 提示：利用无偏性的定义可证.

4. 提示：利用无偏性定义可证 $\hat{\theta}=a\hat{\theta}_1+(1-a)\hat{\theta}_2$ 为 θ 无偏估计量；再利用有效性，由 $D(\hat{\theta})$ 达到最小可得，当 $a=\frac{1}{3}$ 时，$\hat{\theta}=a\hat{\theta}_1+(1-a)\hat{\theta}_2$ 为 θ 的这类估计量中最有效的估计量.

复习题 6

一、选择题

1. B.　2. B.　3. D.　4. B.　5. D.

二、填空题

1. $\dfrac{\overline{X}-\mu}{\sigma/\sqrt{n}}$所服从的分布为$N(0,1)$，$\dfrac{\overline{X}-\mu}{S/\sqrt{n}}$所服从的分布为$t(n-1)$.

2. $Y=\sum_{i=1}^{n}X_i$ 所服从的分布为$\chi^2(10n)$.

3. $Y=\sum_{i=1}^{n}X_i$ 所服从的分布为$\pi(n\lambda)$.

4. $\dfrac{n\overline{X}^2}{S^2}$所服从的分布为$F(1,n-1)$.

三、计算题

1. 0.3830.

2. (1) $E(S^2)=\sigma^2$；(2) $D(S^2)=\dfrac{2\sigma^4}{n-1}$.

3. $c=\dfrac{1}{2}$.

4. (1) $E(\overline{X})=n$；(2) $D(\overline{X})=\dfrac{2n}{10}$；(3) $E(S^2)=2n$.

5. 提示：利用t分布及F分布的定义.

6. 提示：可先证明$\dfrac{2\overline{X}_i}{\theta}\sim\chi^2(2)$，$i=1,2,\cdots,n$.

附录 A　标准正态分布表

$$\Phi(x)=\int_{-\infty}^{x}\frac{1}{\sqrt{2\pi}}\mathrm{e}^{-\frac{t^2}{2}}\mathrm{d}t=P(X\leqslant x)$$

x	0	1	2	3	4	5	6	7	8	9
0.0	0.5000	0.5040	0.5080	0.5120	0.5160	0.5199	0.5239	0.5279	0.5319	0.5359
0.1	0.5398	0.5438	0.5478	0.5517	0.5557	0.5596	0.5636	0.5675	0.5714	0.5753
0.2	0.5793	0.5832	0.5871	0.5910	0.5948	0.5987	0.6026	0.6064	0.6103	0.6141
0.3	0.6179	0.6217	0.6255	0.6293	0.6331	0.6368	0.6406	0.6443	0.6480	0.6517
0.4	0.6554	0.6591	0.6628	0.6664	0.6700	0.6736	0.6772	0.6808	0.6844	0.6879
0.5	0.6915	0.6950	0.6985	0.7019	0.7054	0.7088	0.7123	0.7157	0.7190	0.7224
0.6	0.7257	0.7291	0.7324	0.7357	0.7389	0.7422	0.7454	0.7486	0.7517	0.7549
0.7	0.7580	0.7611	0.7642	0.7673	0.7704	0.7734	0.7764	0.7794	0.7823	0.7852
0.8	0.7881	0.7910	0.7939	0.7967	0.7995	0.8023	0.8051	0.8078	0.8106	0.8133
0.9	0.8159	0.8186	0.8212	0.8238	0.8264	0.8289	0.8315	0.8340	0.8365	0.8389
1.0	0.8413	0.8438	0.8461	0.8485	0.8508	0.8531	0.8554	0.8577	0.8599	0.8621
1.1	0.8643	0.8665	0.8686	0.8708	0.8729	0.8749	0.8770	0.8790	0.8810	0.8830
1.2	0.8849	0.8869	0.8888	0.8907	0.8925	0.8944	0.8962	0.8980	0.8997	0.9015
1.3	0.9032	0.9049	0.9066	0.9082	0.9099	0.9115	0.9131	0.9147	0.9162	0.9177
1.4	0.9192	0.9207	0.9222	0.9236	0.9251	0.9265	0.9279	0.9292	0.9306	0.9319
1.5	0.9332	0.9345	0.9357	0.9370	0.9382	0.9394	0.9406	0.9418	0.9429	0.9441
1.6	0.9452	0.9463	0.9474	0.9484	0.9495	0.9505	0.9515	0.9525	0.9535	0.9545
1.7	0.9554	0.9564	0.9573	0.9582	0.9591	0.9599	0.9608	0.9616	0.9625	0.9633
1.8	0.9641	0.9649	0.9656	0.9664	0.9671	0.9678	0.9686	0.9693	0.9699	0.9706
1.9	0.9713	0.9719	0.9726	0.9732	0.9738	0.9744	0.9750	0.9756	0.9761	0.9767
2.0	0.9772	0.9778	0.9783	0.9788	0.9793	0.9798	0.9803	0.9808	0.9812	0.9817
2.1	0.9821	0.9826	0.9830	0.9834	0.9838	0.9842	0.9846	0.9850	0.9854	0.9857
2.2	0.9861	0.9864	0.9868	0.9871	0.9875	0.9878	0.9881	0.9884	0.9887	0.9890
2.3	0.9893	0.9896	0.9898	0.9901	0.9904	0.9906	0.9909	0.9911	0.9913	0.9916
2.4	0.9918	0.9920	0.9922	0.9925	0.9927	0.9929	0.9931	0.9932	0.9934	0.9936
2.5	0.9938	0.9940	0.9941	0.9943	0.9945	0.9946	0.9948	0.9949	0.9951	0.9952
2.6	0.9953	0.9955	0.9956	0.9957	0.9959	0.9960	0.9961	0.9962	0.9963	0.9964
2.7	0.9965	0.9966	0.9967	0.9968	0.9969	0.9970	0.9971	0.9972	0.9973	0.9974
2.8	0.9974	0.9975	0.9976	0.9977	0.9977	0.9978	0.9979	0.9979	0.9980	0.9981
2.9	0.9981	0.9982	0.9982	0.9983	0.9984	0.9984	0.9985	0.9985	0.9986	0.9986
3.0	0.9987	0.9990	0.9993	0.9995	0.9997	0.9998	0.9998	0.9999	0.9999	1.0000

附录B　泊松分布表

$$P(X \geqslant x)=\sum_{k=x}^{+\infty} \frac{\lambda^k}{k!} \mathrm{e}^{-\lambda}$$

x	$\lambda=0.1$	$\lambda=0.2$	$\lambda=0.3$	$\lambda=0.4$	$\lambda=0.5$	$\lambda=0.6$	$\lambda=0.7$
0	1.000000	1.000000	1.000000	1.000000	1.000000	1.000000	1.000000
1	0.095163	0.181269	0.259182	0.329680	0.393469	0.451188	0.503415
2	0.004524	0.017523	0.036936	0.061552	0.090204	0.121901	0.155805
3	0.000151	0.001149	0.003600	0.007926	0.014388	0.023115	0.034142
4	0.000004	0.000057	0.000266	0.000776	0.001752	0.003358	0.005753
5		0.000002	0.000016	0.000061	0.000172	0.000394	0.000786
6			0.000001	0.000004	0.000014	0.000039	0.000090
7				0.000002	0.000001	0.000003	0.000009
8							0.000001

x	$\lambda=0.8$	$\lambda=0.9$	$\lambda=1.0$	$\lambda=1.2$	$\lambda=1.4$	$\lambda=1.6$	$\lambda=1.8$
0	1.000 000	1.000 000	1.000 000	1.000 000	1.000 000	1.000 000	1.000 000
1	0.550 671	0.593 430	0.632 121	0.698 806	0.753 403	0.798 103	0.834 701
2	0.191 208	0.227 518	0.264 241	0.337 373	0.408 167	0.475 069	0.537 163
3	0.047 423	0.062 857	0.080 301	0.120 513	0.166 502	0.216 642	0.269 379
4	0.009 080	0.013 459	0.018 988	0.033 769	0.053 725	0.078 813	0.108 708
5	0.001 411	0.002 344	0.003 660	0.007 746	0.014 253	0.023 682	0.036 407
6	0.000 184	0.000 343	0.000 594	0.001 500	0.003 201	0.006 040	0.010 378
7	0.000 021	0.000 043	0.000 083	0.000 251	0.000 622	0.001 336	0.002 569
8	0.000 002	0.000 005	0.000 010	0.000 037	0.000 107	0.000 260	0.000 562
9			0.000 001	0.000 005	0.000 016	0.000 045	0.000 110
10				0.000 001	0.000 002	0.000 007	0.000 019
11						0.000 001	0.000 003

x	$\lambda=2.0$	$\lambda=2.5$	$\lambda=3.0$	$\lambda=3.5$	$\lambda=4.0$	$\lambda=4.5$	$\lambda=5.0$
0	1.000 000	1.000 000	1.000 000	1.000 000	1.000 000	1.000 000	1.000 000
1	0.864 665	0.917 915	0.950 213	0.969 803	0.981 684	0.988 891	0.993 262
2	0.593 994	0.712 703	0.800 852	0.864 112	0.908 422	0.938 901	0.959 572
3	0.323 324	0.456 187	0.576 810	0.679 153	0.761 897	0.826 422	0.875 348
4	0.142 877	0.242 424	0.352 768	0.463 367	0.566 530	0.657 704	0.734 974
5	0.052 653	0.108 822	0.184 737	0.274 555	0.371 163	0.467 896	0.559 507
6	0.016 564	0.042 021	0.083 918	0.142 386	0.214 870	0.297 070	0.384 039

续表

x	$\lambda=2.0$	$\lambda=2.5$	$\lambda=3.0$	$\lambda=3.5$	$\lambda=4.0$	$\lambda=4.5$	$\lambda=5.0$
7	0.004 534	0.014 187	0.033 509	0.065 288	0.110 674	0.168 949	0.237 817
8	0.001 097	0.004 247	0.011 905	0.026 739	0.051 134	0.086 586	0.133 372
9	0.000 237	0.001 140	0.003 803	0.009 874	0.021 363	0.040 257	0.068 094
10	0.000 046	0.000 277	0.001 100 2	0.003 315	0.008 132	0.017 093	0.031 828
11	0.000 008	0.000 062	0.000 292	0.001 019	0.002 840	0.006 669	0.013 695
12	0.000 001	0.000 013	0.000 071	0.000 289	0.000 915	0.002 404	0.005 453
13		0.000 002	0.000 016	0.000 076	0.000 274	0.000 805	0.002 019
14			0.000 003	0.000 019	0.000 076	0.000 252	0.000 698
15			0.000 001	0.000 004	0.000 020	0.000 074	0.000 226
16				0.000 001	0.000 005	0.000 020	0.000 069
17					0.000 001	0.000 005	0.000 020
18						0.000 001	0.000 005
19							0.000 001

附录 C　常见分布的期望与方差

分布名称	分布记号	分布律或密度函数	数学期望	方差
0—1 分布	$X \sim B(1,p)$	$\begin{array}{c\|c\|c} X & 0 & 1 \\ \hline p_k & 1-p & p \end{array}$ $(0<p<1)$	p	pq
二项分布	$X \sim B(n,p)$	$P\{X=k\}=C_n^k p^k q^{n-k}, 0<p<1,$ $p+q=1, k=0,1,2,\cdots,n$	np	npq
泊松分布	$X \sim \pi(\lambda)$	$P\{X=k\}=\dfrac{\lambda^k}{k!}e^{-\lambda}, \lambda>0, k=0,1,2,\cdots$	λ	λ
均匀分布	$X \sim U(a,b)$	$f(x)=\begin{cases}\dfrac{1}{b-a}, & a<x<b \\ 0, & \text{其他}\end{cases}$	$\dfrac{a+b}{2}$	$\dfrac{(b-a)^2}{12}$
指数分布	$X \sim e(\lambda)$	$f(x)=\begin{cases}\lambda e^{-\lambda x}, & x \geqslant 0 \\ 0, & x<0\end{cases}(\lambda>0)$	$\dfrac{1}{\lambda}$	$\dfrac{1}{\lambda^2}$
正态分布	$X \sim N(\mu,\sigma^2)$	$f(x)=\dfrac{1}{\sqrt{2\pi}\sigma}e^{-\frac{(x-\mu)^2}{2\sigma^2}}, -\infty<x<+\infty$	μ	σ^2

参 考 文 献

[1] 李承家，孙卫良. 概率论与数理统计[M]北京：北京大学出版社，2021.
[2] 苏德矿，张继昌. 概率论与数理统计[M]北京：高等教育出版社，2006.
[3] 盛骤，谢式千，潘承毅. 概率论与数理统计[M]. 4 版. 北京：高等教育出版社，2008.
[4] 胡月，云本胜. 概率论与数理统计[M]. 杭州：浙江大学出版社，2020.
[5] 黄龙生，吴志松. 概率论与数理统计[M]. 杭州：浙江大学出版社，2012.
[6] 张天德. 概率论与数理统计辅导及习题精解[M]. 天津：天津人民出版社，2008.